한국 현대시의 '경물'과 객관성의 미학

장 동 석 지음

청운

한국 현대문학 연구자에게 모던이란 무엇인가? 그리고 모더니티란 무엇인가? 라는 질문은 공부의 시작과 끝이 되는 근본적인 주제 중의 하나이다. 이러한 질문에 응한 많은 연구자들이 그동안 모던과 모더니티의 연원, 전대와의 변별점, 그것의 전개 양상 등등의 문제에 천착해왔다. 본 책은 이러한 앞선 연구들에 기대, 한국 현대문학의 '모던' 또는 '모더니티'의 속성을 밝혀보려는 연구 과정의 일환이다. 필자가 주목한 것은 한국 현대시에 나타난 객관주의적 서술 태도와 미의식, 그리고 이때 제시되는 시적 대상의 특징이다. 이 문제가 한국 현대문학에 나타난 '모던' 또는 '모더니티의' 속성을 통시적·공시적으로 밝히는 하나의 첩경이 될 수 있으리라는 생각 때문이다.

주체 중심적인 진술방식은 한국 현대시의 가장 두드러진 서술 방식이었다. 이때 시적 대상은 시인 또는 시적 자아의 주관적 관념을 전달하는 도구적 역할을 한다. 시적 자아와 시적 대상은 주체와 객체라는 위계구조를 가진다. 이는 리얼리즘 시뿐만 아니라 모더니즘 시에서도 마찬가지로 나타난다. 가령 리얼리즘 시에서 현실은 시적 자아가 가진 가치관의 범주 내로 한정된 속성을 가진 시적 대상이었다. 모더니즘 시에서 시적 대상들은 시적 자아의 자의식을 노출하는 매개체로서 기능했다. 이러한 특징을 가진 한국 현대시는 시적 자아의 주관적 관념을 어떻게 전달할 것인가 하는 방식의 차이에 따라 그 성격이 변별됐다. 그러나 이와 다른 성격을 가진 한국 현대시의 한 줄기가 통시적으로 존재한다. 그것은 시적 진술의 중심에 시적 자아가 아닌, 시적 대상을 자리 하게한 일군의 한국 현대시였다.

1930년대 한국 현대시에 나타나기 시작한 객관주의적 진술 태도는 시적 자아의 역할을 최소화한 것이었다. 시적 자아의 해석을 제어하고 시적 대상의 형상 그 자체를 객관적으로 제시함으로써 그 의미 영역을 최대화한다. 이를 두고 기존의 연구는 한국 현대시에 나타난 '새로움'을 말했었다. '새로움'의 요체는 시적 자아의 위치를 대상을 해석하는 주체의 자리에서 그것을 바라보는 관찰자의 자리로 전환시킨 데서 기인한다. 이와 관련해 지금까지 연구는 '객관주의적 진술 방식'을 주로 한국 모더니즘 시와 연관지어왔다. 그리고 이를 서구의 이미지즘 시와의 상관관계 속에서 규명해왔다. 그러나 한국 현대시의 '새로움'을 설명하는데 일정 정도의 한계를 보였었다. 왜냐하면 '새로움'이 시적 대상이 가진 새로운 속성에서 기인하는데, 이때 시적 대상의 새로운 속성은 서구 이미지즘 시에 나타난 시적 대상의 속성과 변별되기 때문이다.

한국 현대시에 나타난 새로운 시적 대상은 그것을 바라보는 시적 자아의 주관 이상으로 확대된 비의(秘意)적인 속성을 가진다. 달리말해 시적 자아의 인식 내로 낱낱이 밝혀지지 않는 신성성을 가진다. 대상의 비의성·신성성은 대상의 자율적인 작용에 의해 환기된다. 이는 시적 자아가 자기성을 최소화한 객관주의적인 진술 태도를 취하기 때문이었다. 객관주의적 진술 태도는 자기의 견해 이상으로 확대된 절대 자유의 경지에서 비로소 가능한 시적 대상의 아름다움을 발견하는 미의식의 소산이었으며, 이는 '이물관물'이라는 전통적인 미의식과의 연관관계 하에서 설명 가능한 것이다. 즉 이물관물의 자기멸각을 통한 절대적 자유의 경지에서 대상의 비의적인 아름다움을 현현하는 것이었다.

이와 관련해 이 책의 1부 〈한국 현대시의 '경물' 연구〉는 1930년대 이후 한국 현대시에 나타난 '새로움'의 요체를 '이물관물'의 전통적인 시학 태도와의 영향관계 하에서 규명한다. 여기에서 '경물(景物)'은 한국 현대시에 나타난 객관주의적 진술 태도가 무엇인지를 밝히기 위한 핵심 요소이다. '경물'은 이물관물의 전통적인 시학 태도와 한국 현대시의 진술 태도가 어떻게 연계되면서 변주되고 있는 지를 밝히는 근거이다. 한국 현대시에서 객관적으로 묘사, 제시되던 시적 대상은 시적 자아의 눈으로 다 밝힐 수 없는 형상 이상의 의미를 가진 것이었다. 시적 자아의 인식 영역을 넘어선 독자적인 고유의 의미를 지닌 것이었다. 따라서 시적 대상의 실제는 구체화되고, 명료화되는 것이기보다는 추상화되고, 모호해지는 과정에서 나타나는 것이었다. 이러한 시적 대상은 한국의 전통적 시작 태도 중의 하나인 이물관물(以物觀物)의 태도로 제시되는 시적 대상인 '경물'에 해당되었다.

한국 현대시에서 이물관물의 태도로 제시된 경물과 시적 자아의 관계는 상호적이며 민주적이다. 즉 보는 것과 보여지는 것이라는 일방적 위계적 관계에서 벗어나 물(物)의 입장에서 물(物)을 서로 보는 관계이다. 그러므로 경물들의 풍경에는 중심 역할을 하는 대상이 부재한다. 경물들은 서로 병치 열거되는 방식으로 관계를 맺으며 불연속적으로 연속된다. 불연속적 연속은 경물의 의미를 인과적, 관습적인 의미에서 이탈하게 한다. 그러므로 낯선 의미가 경물의 실제로서 나타난다. 경물의 실제는 형상 이상의 형상으로서 언외지의(言外之意)를 가진다. 언외지의는 시적 자아가 다 밝힐 수 없는 경물의 고유성으로서, 시적 자아가 자기의 주관적 목소리를 지양함으로써 가능한 여백의 자리에서 발생한다. 이때 경물의 실제는 비가시적인 배후로 나타낸다. 이러한 한국 현대시의 경물은 객체화되었던 시적 대상의 신성성을 복원한 것이었다. 또한 이물관물이라는 한국 시의 미적 태도가 한국 현대시에도 이어지고 있음을 알려주는 것이었다.

경물은 1930년대 이미지즘 시에서부터 한국 현대시에 나타나는 새로운 대상의 의미를 설명하는 핵심 요소이다. 또한 한국 현대시의 새로움이 이물관물이라는 전통적인 시학 태도를 바탕으로 대상을 인식하는 태도에서 비롯되고 있음을 말해주는 것이다. 그러므로 한국 현대시의 경물은 서구적 시학과 구별되는 한국 시의 독자적인 미의식이 한국 현대시에 창조적으로 계승 발전되고 있음을 말해주는 것이다. 그래서 경물은 모더니즘, 리얼리즘 넘어선 시각에서 한국 현대시의 독특한 미적 특성을 밝히는 근거가 된다. 이와 관련해서 2부 〈한국 현대시와 객관성의 미학〉은 객관적 진술태도를 보인 한국 현대 시인들을 각각 살펴보며, 그것이 어떻게 분화되며 미적으로 반영되고 있는지를 구체적으로 살펴보았다.

지금까지의 공부를 정리하며 곳곳에서 스스로에게 의문 부호를 던질 수밖에 없었다. 대부분 어느 지점에서 타협하거나 회피한 부분이 었다. 지금 내 공부의 수준이 그 정도에 머물러 있음을 인정하며, 스스로를 닦달한다. 이것이 앞으로 미진한 부분을 채워 나갈 수 있는 연구자로서의 최소한의 도리일 것이다. 지금까지 많은 선생님들과 선·후배 연구자들에게 빚져왔다. 당연히 모든 분에게 경의와 감사를 표한다. 그리고 부족한 글을 책으로 만들어주신 청운출판사에게도 감사드린다.

나는 그의 돈으로 처음부터 끝까지 공부했다. 그는 나에게 당신에 대한 어떤 도리를 말한 적이 없다. 덕택에 나는 유희자적 공부했다. 그는 어느 순간부터 나에게 돈을 주었다는 기억 자체마저도 잃어버렸었다. 공부가 사람의 도리를 밝히는 것이라면, 나는 공부를 하지 않았다. 오로지 내가 좋아하는 것을 했을 뿐이다. 이제 그는 나와 다른 세계에 존재한다. 이 책은 장성균 씨의 책이다.

2013년 5월
앉은뱅이책상 위에서

차례

∴ 차례

|제1부|

한국 현대시의 '경물' 연구

| 제 1 부 | 한국 현대시의 '경물' 연구

I. 서 론

1. 연구 목적과 문제 제기

본고는 1930년대부터 한국 현대시에 나타나기 시작한 경물(景物)의 의미와 양상을 규명하는 것에 목적을 둔다. 1930년대 일군의 현대시는 객관적으로 대상을 표상하는 새로운 시적 진술 방식을 보여주었다. 새로운 시적 진술은 시적 자아의 개입을 제어하는 이미지즘적인 진술 방식으로 설명되었었다. 이때 시적 대상은 형상 그 자체가 곧 의미가 되는 것이다. 그리고 시적 자아는 시적 대상에 대한 자신의 주관적 해석을 말하는 존재이기보다는 시적 대상을 객관적으로 보고 관찰하는 존재에 가깝다.[1] 그러므로 시적 자아가 대상을 보고 관찰하는 태도는 곧, 그것을 통해 표상된 시적 대상의 의미를 밝히는 데 중요한 요소가 된다.[2]

---

1) 대상과의 거리를 전제하고 대상의 자아화를 지양하는 객관적인 태도의 시적 자아는 경험적인 자아와 구분되는 창조적이고 몰개성적인 자아이다. 김준오, 『시론』, 삼지원, 1991. pp.258-261 참조.
2) 표상(representation)은 미학에서는 주로 외적 객관적인 사물로서의 대상을 재현, 묘사하는 것을 의미한다. 그러므로 내적, 주관적 체험을 말하는 표현(expression)과 대립되는 개념이다. 또한 대상을 있는 그대로 충실하게 그리는 것을 의미한다. 이러한 의미에서는 이상화(Idealisierung), 양식화(Stilisierung)에 대립되는 개념이다. 다께우찌 도시오, 안영길 외 역, 『미학·예술학 사전』, 미진사, 1990. p.244.

그런데 시적 대상을 객관적으로 표상하는 태도는 외국 사조와의 영향관계보다는 전통과의 영향관계 하에서 설명된다. 즉 1930년대 일군의 한국 현대시에 나타나기 시작한 '새로움'은 이미지즘적인 보기 태도보다는 한국 시의 전통적인 관물(觀物) 태도 중의 하나인 이물관물(以物觀物)의 태도와 밀접하게 연관된다. 그리고 이때 시적 대상은 이물관물의 태도로 표상한 경물적인 속성을 가진 것이었다.

한국 현대시에서 경물은 1930년대 정지용과 김광균의 시에서 두드러지게 나타나기 시작한다. 이들의 시는 이전 시기의 경향성, 감상성 위주의 시와는 달리 목적 의식과 감정을 제어하고 대상을 감각적으로 표상한다. 이러한 방식은 시적 자아의 주관적 개입을 제어하고 눈에 보이는 그대로의 대상을 표상한다는 점에서 영미 이미지즘 시의 시작 방식과 유사했다. 그런데 영미의 이미지즘 시는 시적 자아의 눈을 중심으로 대상을 표상했다. 시적 대상은 시적 자아의 눈에 의해 낱낱이 그 실재가 밝혀지는 사물로 간주되었다. 그러므로 이미지즘 시의 시적 대상은 이물관물의 태도로 표상한 경물과는 달리 주체 중심의 사유를 바탕으로 한 것이었다.

주체 중심의 사유는 근대의 대표적인 사유 틀로써 한국의 현대시에도 강력하게 반영된다. 주체 중심주의는 한국 현대시의 서정을 세계의 자아화 또는 대상과 자아의 동일성으로 정의하고 시적 시선을 주체에게 귀결시키는 문학적 관습을 형성한다.[3] 그러나 정지용, 김광균의 시는 이러한 문학적 관습에서 벗어난 새로운 속성을 가진다. 그것은 주체 중심적인 근대적 사유와도 변별되는 새로운 방식으로 시적 대상을 제시하는 것이었다.[4] 이러한 시적 대상은 자율적이고 능동적

---

3) 구모룡, 「시와 시선」, 최승호 편, 『21세기 문학의 동양시학적 모색』, 새미, 2001. p.166.
4) 한국 현대시에서 객관적으로 표상되는 시적 대상에 대한 보기 태도는, 종전의 연구에서 언급되었던 서구의 과학적, 합리적 세계관에 기초한 이미지즘적 보기 태도와 원근법적 보기 태도 그리고 영화의 유입과 상관되어 언급되었던 카메라적 보기 태도와는 다른 관점에서 설명되어야 한다.

으로 의미 작용을 일으킨다는 점에서 한국시의 전통적인 시적 대상인 경물과 일맥상통된다.

경물은 시적 자아의 눈과 주관을 중심으로 삼는 원근법적인 태도로는 포착되지 않는 여백을 가진 시적 대상이다. 그것은 시적 자아의 눈으로는 다 밝힐 수 없는 비의(秘意)적인 의미를 가진다. 한국 현대시에 이러한 속성을 가진 시적 대상이 나타나는 것은 한국 현대시가 이물관물이라는 한국 시 고유의 관물 태도와 밀접하게 연관되고 있음을 시사하는 것이다. 한국 시에서 이물관물의 보기 방식은 시적 자아의 주관적 욕망을 지양하고, 시적 자아의 가시적 범주 너머로 경물의 고유 의미를 나타냈다. 경물들로 이루어진 풍경은 시적 자아의 의도가 반영되는 중심점이 소거된 탈원근법적 풍경이다. 경물의 의미는 시적 자아가 아닌 경물 스스로의 자율적인 의미 작용을 통해 나타난다. 이때 경물의 실재는 시적 자아의 눈으로는 다 보지 못하는 형상 이상의 형상으로 제시되고, 그 고유 의미는 언외지의(言外之意)를 가진다. 그리고 이러한 점 때문에 경물의 배후에 아우라[5]가 환기된다.

이 같은 특징을 가진 한국 현대시의 시적 대상은 기존의 서구적 시각을 중심으로 한 이미지즘 시의 시적 대상과는 달리 설명되어야 한다. 본고는 한국 현대시에서 객관 표상되는 대상의 의미를 설명하기 위해 경물이란 용어를 사용하고자 한다. 경물은 이미지즘 시의 원리로는 설명되지 않는 한국 현대시 시적 대상의 의미를 규명하기에 적합한 용어이기 때문이다. 또한 서구 이미지즘 시가 가지는 시적 대상의 중요 속성도 수렴할 수 있는 용어이기 때문이다.

한국 현대시에 나타난 경물을 밝히는 것은 모더니즘 또는 리얼리즘의 관점과는 다른 독자적인 기준에서 한국 현대시의 특징적 모습을 밝히는 계기가 될 것이다. 또한 시대를 뛰어넘어 계승 발전되는 한국

---

5) 아우라는 무의지적 기억에 자리 잡고 있는 어떤 지각 대상의 주위에 모여드는 연상 작용으로 항상 여운으로 남겨지는 일회적 경험이다. 발터 벤야민, 반성완 역,『발터 벤야민의 문예이론』, 민음사, 1983. p.155.

시 미학의 한 단면을 드러내는 방법이 될 수 있을 것이다. 본고는 한국 현대시에 나타나고 있는 경물을 살펴 한국 현대시의 새로움이 전통 시학의 미학적 태도에서 기인하고 있음을 밝힐 것이다. 그리고 서구 시학의 태도와는 변별되는 독자적인 기준으로 한국 현대시를 설명할 필요성이 있음을 확인할 것이다. 또한 한국 시의 특징적이고 독자적인 미의식이 통시적으로 계승 심화되고 있음을 규명할 것이다.

2. 연구사 검토

한국 현대시 연구에서 경물을 직접적으로 언급한 연구는 보이지 않는다. 다만 경물이 시적 자아의 주관적 목소리가 아닌 보기에 의해 객관적으로 표상되는 시적 대상이라는 점에서 보기의 문제를 중심으로 한국 현대시를 연구한 논문들과 간접적으로 관련된다. 이러한 연구들은 대체로 한국 현대시에 나타나는 객관적인 시적 진술의 문제와 시적 자아의 태도, 그리고 이와 연관돼 나타나는 회화적 특징과 양상에 주목한다. 이와 관련된 주요 연구들을 살펴보면 다음과 같다.

우선 학위 논문으로는 정문선의 연구가 있다. 정문선[6]은 모더니즘 화자를 보는 주체로 설정하고, 보기 방법을 원근법과 카메라 기법과 관련시켜 설명했다. 정문선의 연구는 '눈', '시점' 등의 '보기'와 관련된 문제를 통해 한국 모더니즘 시의 주체를 밝히려 한다는 점에서 새로운 접근 방식이었다. 그러나 '보는 화자'의 보는 방식의 특징과 그것이 반영된 것으로서의 재현 장면을 말하면서도, '보는'의 개념을 광범위하게 설정하고 있어 논점이 다소 불분명해진 측면이 있다. 김문주[7]는

---

6) 정문선, 「한국 모더니즘 시 화자의 시각체제 연구: 보는 주체로서의 화자와 보이는 대상으로서의 공간을 중심으로」, 서강대 대학원 박사학위논문, 2003.
7) 김문주, 「한국 현대시의 풍경과 전통: 정지용과 조지훈의 시를 중심으로」, 고려대 대학원 박사학위논문, 2005.

한국 현대시에서 보기의 문제를 전통성과 연관시켜 살펴보고 있다는 점에서 주목된다. 김문주는 정지용과 조지훈의 시가 시적 대상을 주체로부터 자유롭게 하는 언어로 언외지의를 가진 풍경을 표상한다고 말한다. 이를 통해 전통 시학의 미학을 계승하며 갱신하고 있다고 밝힌다. 나희덕[8]은 '보기'의 개념을 명확히 하고, 그것을 중심으로 한국 모더니즘 시의 특질과 양상을 규명한다. 그는 원근법적 시각체제의 균열로 인한 시각장의 변화가 1930년대 모더니즘 시인들에게 수용된 양상을 밝히며 이상, 김기림, 김광균, 정지용의 시를 비교 대조 분석한다. 그러나 영화적 기법으로 한국 시에 나타난 시적 자아의 특정한 보기 방식을 설명해야 할 타당성이 충분히 밝혀지지 않은 측면이 있다.

한국 현대시를 보기 태도와 관련시킨 학술지 논문들도 최근 다수 발표되고 있다. 이 중 우선 눈에 띄는 것은 영상적 기법과 보기 문제를 관련시킨 논문들이다. 박수연은 현대시의 영상적 주체의 의미를 라캉이 말하는 '시선'과 '응시'의 개념으로 설명한다.[9] 양인경은 카메라 앵글에 비교되는 주체의 보는 방법을 통해 모더니즘 텍스트를 분석한다. 그리고 모더니즘 시가 발화보다 보는 방법과 긴밀하게 연관되어 있음을 말한다.[10] 김용희는 '본다'라는 지각 작용이 근대시의 시각적 재현에 어떻게 반영되는지를 영상 이미지와 관련시켜 말한다.[11] 문혜원은 정지용, 김광균 등의 이미지즘 시가 대상을 표상하는 방식에 카메라적 시선이 작동되고 있음을 밝힌다[12]. 이러한 논문들은 한국

8) 나희덕, 「1930년대 모더니즘 시의 시각성」, 연세대 대학원 박사학위논문, 2006.
9) 박수연, 「현대시의 영상과 주체구성 시각구조-황지우 시를 중심으로」, 『어문연구』 44, 어문학회, 2004.4.
10) 양인경, 「모더니즘 시의 시각화 연구-김기림 김수영을 중심으로」, 『한국언어문학』 54, 한국언어문학회, 2005.
11) 김용희, 「시의 영화의 문법성과 현대적 미학성」, 『대중서사연구』 15, 대중서사학회, 2006.6.
12) 문혜원, 「한국 근대시의 시적 전환과 영화 체험의 상관성」, 『한국언어문학』 65, 한국언어문학회, 2008.

현대시 시적 자아의 보기 방식을 근대 과학의 산물인 영상적인 것과 연관시켜 설명한다. 이를 통해 시적 자아의 근대적 주체로서의 의미를 밝히려 한다. 그러나 설명 대상이 되는 시인들과 작품들이 보기의 문제와 밀접하게 연결돼야 하는 타당성 그리고 영상적 기법과의 상관성을 설명해 줄 수 있는 개연성이 충분히 밝혀지지 않았다는 아쉬움이 남는다.

한편 보기 방식을 시적 자아가 대상을 인식하는 의식과 연관시켜 말하는 논문들이 있다. 이러한 논문들은 근대적 보기의 특징을 원근법적인 보기 방법으로 설명한다. 김만석은 철도의 도입과 함께 원근법적인 표상 체계가 한국 현대시의 풍경 표상에 미친 영향을 김소월을 중심으로 살핀다.13) 고봉준은 이상의 시적 진술이 근대적 시각체제인 데카르트적 원근법주의와 맞선 파노라마적인 시선에서 기인하고 있음을 말한다.14) 이러한 연구들은 한국 현대시의 보기 방식을 서구 근대의 원근법적인 방식과 관련해 살피고 있다는 점에서 유사하다. 여기서 말하는 보기는 대상에 대한 시적 자아의 주관적 욕망을 드러내는 하나의 방법론적 수단에 해당된다.

이들 연구들은 시적 자아를 중심으로 주관화된 시적 대상들을 문제 삼는 다는 점에서 공통된다. 그리고 대상이 되는 시인과 시 작품을 다분히 서구에서 유입된 의식과의 영향관계에서 살피고 있다. 그러므로 시적 자아의 주관적 의도보다는 시적 대상의 객관적 형상이 중시되는 일군의 한국 현대시의 특징을 살피는 데에는 한계를 나타낸다. 이런 연구들과는 달리 한국 현대시에 나타나는 객관적인 시적 대상 자체의 의미, 그리고 시적 자아의 태도의 문제를 밝히려는 논문들이 있다. 우선 1930년대 한국 현대시에 새롭게 나타난 이미지즘 시에 대한 연구 논문들이 있다. 이들 논문들은 주로 정지용과 김광균의 시를 연구 대

---

13) 김만석, 「철도와 근대시의 상상력」, 『동남어문논집』 22, 동남어문학회, 2006.
14) 고봉준, 「도시체험과 이상 문학의 근대성」, 『모더니티의 이면』, 소명출판, 2007.

상으로 삼는다. 이 중 본고와 밀접하게 연관된 논문들을 위주로 살펴 보면 다음과 같다.

정지용 시 연구에서 정지용의 시집 『백록담』을 중심으로 한 연구들 은 정지용 시를 전통적 시학과 관련시켜 말한다.[15] 이러한 논문들은 시기적으로 전자에 비해 상대적으로 뒤이어 나오기 시작했고, 최근까 지 활발하게 연구가 진행되고 있다. 정지용의 이미지즘 시가 단순한 이미지즘적 기교의 시가 아니라 "『백록담』에 이르러 그는 감각의 단 련을 무욕의 철학으로 발전시킨 것"[16]이라는 김우창의 언급은 최동호 가 정지용 시를 산수시로 명명하면서 본격적으로 구체화되기 시작했 다. 최동호는 정지용 시가 "서구 추수주의적인 아류의 이미지즘이나 유행적인 모더니즘을 넘어서 우리의 오랜 시적 전통에 근거한 山水詩 의 세계를 독자적인 현대어로 개진"[17]했다고 평한다. 그리고 이후 연 구에서 자연물과 인간을 유기체적인 관점으로 바라보는 산수시의 독 자적 미학과 정지용 시의 관련성을 구체화시킨다.[18] 최승호는 정지용 시에는 "사물과 사물 사이에 여백이 있으며", 이러한 여백이 "사물과 사물 사이의 부분의 독자성을 설명해 주는 장치"[19]라고 밝힌다. 그리

---

15) 정지용 시를 영미 이미지즘과 관련시켜 설명한 논문들은 주로 『백록담』이 전의 정지용 초기시를 연구한 논문들이다. 이들 논문들은 영미 이미지즘 시 를 기준으로 하고, 그것의 공과를 정지용 이미지즘 시의 공과와 비교한다. 따라서 영미 이미지즘으로는 설명되지 않는 정지용 시에 나타나는 시적 대 상의 의미를 밝히는 데에는 한계를 나타낸다.

16) 김우창, 「한국 시와 형이상학」, 『궁핍한 시대의 시인』, 민음사, 1977. p.53.

17) 최동호, 「산수시와 은일의 정신」, 『불확정 시대의 문학』, 문학과지성사, 1987. p.43.

18) 최동호는 조동일이 「산수시의 경치, 흥취, 주체」(『국어국문학』 98, 국어국문 학회, 1987)에서 밝힌 '산수시' 개념을 바탕으로 '산수'가 근대 이후에 유입된 용어인 '자연'이란 용어보다 인간과 자연물을 다 포함하는 포괄적인 의미라 고 언급한다. '산수시'는 '사물시'(문덕수)나 '물리시'(김용직)라는 용어보다 시적 대상을 사물로 인식하지 않는 우리의 전통적인 산수관을 더욱 잘 반영 하며, 따라서 우리 시학의 주체적 정립을 정립하는 데 적합한 용어라고 밝 힌다. 최동호, 「정지용 산수시와 성정의 시학: 중국과 한국의 산수화론과 시적 미 학」, 김종태 편, 『정지용 이해』, 태학사, 2002. pp.26-29.

고 최근의 연구들은 정지용 시가 한시의 정경교융(情景交融)의 미학적 개념을 수용하고 있다는 점을 구체화한다.[20] 이러한 평가는 정지용 시의 회화적 심성이 단순한 장식적인 수준을 벗어나고 있으며 회화성과 사물성 속에 인간적 정서와 내재율을 성공적으로 살려놓고 있다는 언급[21]을 뒷받침하는 것이라고 할 수 있다. 이를 바탕으로 김신정은 『백록담』의 세계가 "나열, 병치 방식을 통해 사물이 지닌 개별성과 산발성을 옹호하고 개별적 대상을 개별 그 자체로 파악하는 독특한 사유방식과 구성방식"[22]을 가진다고 말함으로써 정지용 시 대상 표상 방식의 특징을 구체화한다. 이는 정지용 시가 "하나의 고정된 시점에서 전체를 보여주는 원근법이 아니라 다시점 혹은 분산된 시점을 드러내는 동양화의 시점이다"[23]라거나 최승호가 정지용 시에 대해 말한 "부분의 독자성"[24] 문제와 일맥상통한다.

지금까지 살펴본 정지용 시의 회화성에 대한 연구는 정지용 시에서 여백, 병치, 나열, 이미지즘의 의미, 그리고 한시 미학과의 연관성 등을 밝히는 연구 성과를 축적해왔다. 그러나 정지용 시의 회화적 특징이 나타나는 근원적인 이유를 밝히려면 또 다른 접근이 필요한데, 그것은 정지용 시의 시적 자아가 대상을 보는 방법에 주목하는 일이다.

---

19) 최승호, 「정지용 자연시에 나타난 정(情)과 경(景)」, 김종태 편, 『정지용 이해』, 태학사, 2002. pp. 119-120.
20) 최근 정지용 시를 여백과 관련 설명하는 연구들로는 김용희의 「정지용 시 자연의 미적 전유」(『현대문학의 연구』 21, 한국문학연구학회, 2004), 김진희의 「정지용의 후기시와 『문장』 - 화단과 문단의 교류를 중심으로」(『비평문학』 33, 한국비평문학회, 2009.9) 등이 있다.
21) 장도준, 「정지용 시의 음악성과 회화성」, 김신정 외, 『정지용의 문학세계연구』, 깊은샘, 2001. pp.53-54.
22) 김신정, 「'미적인 것'의 이중성과 정지용의 시」, 김신정 외, 『정지용의 문학세계연구』, 깊은샘, 2001. p.122.
23) 김용희, 「정지용 시에서 자연의 미적 전유」, 『현대문학의 연구』 21, 한국문학연구학회, 2004. p.379.
24) 최승호, 「정지용 자연시에 나타난 정(情)과 경(景)」, 김종태 편, 『정지용 이해』, 태학사, 2002. p.119.

왜냐하면 시적 자아가 대상을 보는 방식은 형상화된 대상의 의미와 그것을 제시한 시적 자아의 심층 의식과 밀접하게 연관되기 때문이다. 이와 관련된 주요 논문들을 살펴보면 다음과 같다.

나희덕은 정지용 시가 산수시처럼 느껴지는 이유가 시선의 이동과 시점의 교환을 통해 이루어지는 시간의 공간과 비약 때문이라고 밝힌다. 또한 풍경의 깊이는 대상을 감각적으로 다루는 기교에서 나오는 것이 아니라 내면에 의해 사물의 본질이 새롭게 드러나는 순간에 생긴다고 말한다.[25] 이러한 관점은 정지용 시의 특징이 원근법이라는 근대적 보기 태도와는 다른 보기 태도로 대상을 제시하는 데서 기인한다는 인식을 바탕으로하는 것이다. 남기혁은 정지용의 후기시에 보이는 성찰적 시선이 원근법적인 시선을 탈중심화하고 해체하여 새로운 감각과 재현을 끌어들이려는 방법적 모색이 된다고 말한다.[26] 이러한 연구들은 보기 방식 자체에 주목해, 기존의 정지용 시의 연구와는 다른 새로운 방법을 제공해 주고 있다는 점에서 주목된다.

김광균 시에 대한 연구도 정지용 시와 마찬가지로 이미지즘과 연관시키는 연구가 많은 편이다. 김광균 시의 회화적 공간이 비교적 원근법에 충실한 시각적 경험을 표현하고 있다는 연구[27]는 김광균의 시에 그려진 대상 풍경이 시적 자아의 고정된 시점으로 현실을 대상화한 것이라는 연구[28] 등으로 이어진다. 류순태는 김광균 시에 나타나는 서정성을 원근법적인 보기 문제와 관련하여 설명한다. 류순태는 김광균 시의 서정은 원근법에 의거해서 근대적 세계를 통어하려 했던 시적 주체가 자신의 눈으로 포착하지 못한 '결여'를 인식하는 데서 기인

25) 나희덕, 「1930년대 시의 '자연'과 '감각'-김영랑과 정지용을 중심으로」, 『현대문학의 연구』 25, 한국문학연구학회, 2005. pp.25-27.
26) 남기혁, 「정지용 중 후기시에 나타난 풍경과 시선, 재현의 문제-식민지적 근대와 시선의 계보학(4)」, 『국어국문학』 47, 국어국문학회, 2009. p.125.
27) 박태일, 「김광균 시의 회화적 공간과 그 조형성」, 『국어국문학지』 2, 문창어문학회, 1986.
28) 정문선, 「서정이라는 이름의 20세기적 사변」, 김학동 외, 『김광균 연구』, 국학자료원, 2002.

한다고 말하며, 김광균 시는 주체와 세계 사이의 대면을 토대로 하는 모더니즘 시에서 이미지와 서정의 상관성을 보여주는 것으로 새롭게 평가되어야 한다고 말한다.[29] 이는 김광균 시에 나타난 서정을 "전대의 감상의 잔영을 탈피하지 못한 리리시즘"[30]이거나 "자기철학이 부재한 지적 센티멘탈리즘"[31]으로 보는 부정적인 평가에서 벗어나 김광균 시의 서정에 새로운 의미를 부여한 것이었다. 이러한 연구 성과는 "김광균 시가 감상성과 회화성이라는 이질적 지평을 융합한 낭만적 이미지즘이라는 새로운 미적 양식을 산출하고 있다"[32]라는 최근 연구로 이어진다. 한편 박현수는 김광균 시의 묘사가 반성이 제거된 묘사로써, 이러한 평면적인 묘사성은 선험적인 사유가 전제되는 의미나 가치를 물질적 효과로 환원시키려는 태도에서 비롯된다고 말한다. 이것이 관념적인 세계로부터 자유로워지기 위해 선택할 수 있는 유일한 방법이라고 말한다.[33] 이는 형태가 곧 사상이라는 김광균의 시론과 시와의 상관관계를 면밀하게 탐색한 것이었다.

위에서 살펴본 정지용, 김광균 시에 대한 연구들은 백석, 박용래, 김종삼 시에 대한 연구와도 직간접적으로 관련된다. 백석, 박용래, 김종삼의 시 또한 정지용, 김광균과 같이 대상을 객관적으로 표상하는 시들이며, 시적 자아의 목소리가 최소화되는 시들이기 때문이다. 백석, 박용래, 김종삼의 시에 대한 연구 논문 중에서 이와 관련된 주요 논문들을 각각 살펴보겠다.

정효구는 백석 시가 시인 자신의 주관적 감정보다 대상 그 자체를 제시하는 것에 주력한다는 점에서 백석 시의 중요 특성이 객관주의

29) 류순태, 「모더니즘 시에서의 이미지와 서정의 상관성 연구-김광균 시를 중심으로」, 『한중인문학 연구』 11, 한중인문학회. 2003.12. pp.164-170.
30) 박철희, 『한국시사연구』, 일조각, 1980. p.218.
31) 김윤식, 『한국현대시론비판』, 일지사, 1975. p.297.
32) 김석준, 「김광균의 시론과 지평융합적 시의식」, 『한국시학연구』 21. 한국시학회, 2008.3.
33) 박현수, 「김광균의 '형태의 사상성'과 이미지즘의 수사학」, 『어문학』 79, 한국어문학회, 2003.

정신에 있음을 밝힌다.[34] 그리고 고형진은 백석 시의 객관적인 시적 진술에는 사물이나 풍경을 감각적 이미지로 구사하며, 사건에 대한 서술을 첨가시키는 특징을 보인다고 말한다.[35] 백석 시의 객관적인 성격에 대한 연구는 이후 논의에서 백석이 세계관이 아닌 창작 방법으로 모더니즘의 세례를 받았다고 하는 주장[36]과 근대가 침윤되지 않는 조선식 어법의 세계에 백석 시가 속한다는 주장[37]으로 대별된다.

이와 같은 연구들을 바탕으로 백석 시의 시적 진술의 특징에 관한 연구는 요즘에 들어 더욱 활발하게 진행되고 있다. 장도준은 토속적인 사물들을 통해 유년의 세계를 사실적으로 재현해 낼 뿐 직접적인 감정의 표백을 삼가는 백석 시의 쓰기 방법은 삶의 의미 있는 실상을 객관화하려는 고도의 시적 방법이며, 이는 그 이전 우리 시에서 찾아볼 수 없었던 시적 감수성이라고 말해 백석 시의 시사적 의미를 밝힌다.[38] 백석 시의 객관적 글쓰기를 최승호는 사물들 사이에 민주적 관계를 도모하는 방법이며, 이를 통해 모든 사물들이 수평적으로 대등한 관계를 맺는다고 말한다.[39] 이러한 백석 시의 글쓰기 문제는 김정수의 연구에서 좀 더 구체화된다. 김정수는 백석 시의 시적 진술이 배치와 병렬로 이루어지는데 이는 원근법적 배치에 대한 거부로써, 백석 시의 시적 자아가 사물들의 의미를 조작하거나 인위적으로 형성하지 않으며, 사물들과 수평적인 관계를 맺는다고 언급한다.[40] 이 같은 김

---

34) 정효구, 「백석 시의 정신과 방법」, 『한국학보』 57, 일지사, 1989. p.201.
35) 고형진, 「백석시 연구」, 고형진 편, 『백석』, 새미, 1996. p.28.
36) 최두석, 「백석의 시세계와 창작방법」, 고형진 편, 『백석』, 새미, 1996. p.139.
37) 이숭원, 「백석 시에 나타난 자아와 대상의 관계」, 『한국시학연구』 19, 한국시학회, 2007.8. p.230.
38) 장도준, 「한국 현대시의 시적 주체 분열에 대한 연구-김기림, 이상, 백석의 시를 중심으로」, 『배달말』 31, 배달말학회, 2002.12. p.262.
39) 최승호, 「백석 시의 나그네 의식」, 『한국언어문학』 62, 한국언어문학회, 2007.9. p.518.
40) 김정수, 「백석 시의 아날로지적 상응 연구」, 『국어국문학』 144, 국어국문학회, 2006. pp.352-354.

정수의 연구는 백석 시를 탈원근법적인 보기 태도와 관련시켜 구체화하고 있다는 점에서 기존 연구에서 한 발 더 나아간 것이라 할 수 있다.

한편 지방적인 것, 전통적인 것을 말하는 백석 시의 언어에 대해 이숭원은 식민지 체제의 근대지향성과 역방향에 서는 눌변의 미학으로 설명한다.[41] 이 연장선상에서 서준섭은 백석 시의 언어가 제국주의 언어의 그물에 걸리지 않는 것을 향하는 것이며, 지배 문화에 대한 거부와 부정의 형식에 속한다고 밝힌다.[42] 김수림은 백석 시의 방언 사용이 자의적인 선택의 결과이며, 서북지방뿐만 아니라 타지방 방언을 의도적으로 사용하는 데에서 발생하는 차이를 통해 아우라를 나타낸다고 말한다.[43] 한편 신주철은 백석이 유구함에 주목하고 '게으름과 여유'가 갖는 의미를 옹호했다는 것을 규명한다.[44] 이 같은 연구들은 백석 시가 도시적인 것에 대응하는 의미 이상의 특징적인 미적 태도와 연관되어 있음을 밝혔다는 점에서 주목된다. 이러한 미적태도를 최승호는 최근의 연구에서 이물관물의 태도로 설명한다. 지방적인 것, 전통적인 것을 지향하는 백석 시가 이물관물이라는 전통적인 관찰 방식을 취하고 있다고 밝힌다.[45] 이 같은 연구는 토속적인 정서와 이미지즘 기법의 결합이라는 백석 시의 특징을 전통적인 시학의 태도 중 하나인 '이물관물'의 보기 태도와 관련지어 규명하고 있다는 점에서 의미있다.

1970년대 후반부터 언급되기 시작하던 박용래 시 연구[46]는 1990년

---

41) 이숭원, 『백석 시의 심층적 탐구』, 태학사, 2006, p.113.
42) 서준섭, 「한국 근대 시인과 탈식민주의적 글쓰기:한용운, 임화, 김기림, 백석의 경우를 중심으로」, 『한국시학연구』 13, 한국시학회, 2005.8. pp.37-38.
43) 김수림, 「방언-혼재향(混在鄕, heteropia)의 언어-백석의 방언과 그 혼돈, 그 비밀」, 『어문논집』 55, 민족어문학회 2007. pp.131-135.
44) 신주철, 「백석의 만주 체류기 작품에 드러난 가치 지향」, 『국제어문』 42, 국제어문학회, 2009.4. p.253.
45) 최승호, 「백석 시의 풍경 연구」, 『우리말글』 46, 우리말글학회, 2009.8. p.283.
46) 주 연구는 다음과 같다.
    이승훈, 「박용래의 시세계-빈잔의 시학」, 『백발의 꽃대궁』, 문학예술사, 1979.

대 들어 『시와 시학』(1991년 봄호)의 '현대시인 집중연구'에서 다뤄진 박용래 시 특집을 통해 그동안의 연구 성과가 정리된다.[47] 이러한 박용래 시에 대한 연구들 중 본고와 밀접하게 관련되는 연구들은 주로 여백, 진술 방식, 진술 태도와 관련된 연구들이다. 이와 관련된 주요 연구들을 살펴보면 다음과 같다.

홍희표는 박용래 시가 "사물 속에 들어가 사물 그 자체가 되고자 하는 소멸의 의지는 적막강산 같은 空의 세계로 귀착된다"[48]라고 말한다. 그리고 조창환은 "연속의 리듬과 단절의 리듬 사이의 미묘한 공간, 그 여백과 단층이 지닌 쉼터에서 우리는 박용래 시의 미학을 찾아야 한다."[49]고 했다. 이후 여백과 연관시켜 박용래 시를 연구한 논문들은 꾸준히 발표되어 왔다. 최승호는 박용래 시가 여백을 드러내고 그것을 강조하는 것은 반근대적 삶의 한 방식으로서 인과적, 기계적으로 나열하는 근대적 삶에 대한 미학적 대응이라고 말한다.[50] 최승호의

송재영, 「박용래론-동화 혹은 자기 소멸」, 『현대문학의 옹호』, 문학과지성사, 1979.

권오만, 「박용래론-한의 시각적 형상화」, 김용직 외, 『한국현대시인연구』, 1989.

김재홍, 「박용래 또는 전원 상징과 낙하의 상상력」, 『심상』, 1980.12.

손종호, 「박용래 시세계 연구」, 『논문집』 35, 충남대인문과학연구소, 1989.12.

47) 여기에서 이은봉은 박용래 시를 한과 연결하여 말하며, 그것에서 민중적 애환이 어떻게 형상화되고 있는지에 대해 말한다.(「박용래 시의 한과 사회 현실성」) 최동호는 박용래 시가 한시적 여백의 울림을 드러내며, 스스로의 욕망을 비움으로써 다양한 소재를 시적으로 용해시킬 수 있는 서정적 세계의 넓힘을 터득했다고 평가한다.(「한국적 서정의 좁힘과 비움」) 윤호병은 박용래 시의 구조분석을 통해 박용래 시가 이원대립구조를 바탕으로 하고 있음을 말한다.(「박용래 시의 구조 분석」) 조창환은 박용래 시의 운율 연구를 통해, 연속의 리듬과 단절의 리듬 사이의 미묘한 공간, 여백, 그리고 반복과 병렬에 박용래 시의 중요 미학이 있음을 말한다.(조창환, 「박용래 시의 운율론적 접근」) 정효구는 기호론적 접근으로 「겨울밤」, 「그 봄비」, 「저녁 눈」을 분석해 박용래 시가 대립과 순환, 기승전결, 병렬과 반복의 패턴을 기술적으로 사용했음을 밝힌다.(정효구, 「박용래 시의 기호론적 분석」)

48) 홍희표, 「박용래의 〈저녁눈〉-생성과 소멸의 그 공간」, 『시와 시학』, 1991 봄호. p.351.

49) 조창환, 「박용래 시의 운율론적 접근」, 『시와 시학』, 1991 봄호. p.159.

연구는 박용래 시의 중요 특징 중의 하나인 여백의 의미를 문학 외적인 문제와 연결해 확대 심화시킨 것이었다. 그리고 손민달은 한국 시에 나타난 여백의 의미와 미학적 특성을 본격적으로 탐구하며 박용래 시가 과거형의 현재적 진술을 통해 기운생동하는 철학적 의미의 여백과 명사형으로 끝나는 단형의 시 형식을 통해 얻게 되는 여백을 보여준다고 말한다.[51] 손민달의 연구는 시적 대상에 대한 정보가 최소화되어 나타나는 박용래 시의 특징을 동양 철학과 연관시켜, 심화하고 있다는 점에서 주목된다.

박용래 시에서 시적 자아의 객관적 태도에 대한 연구는 그동안 지속적으로 진행되어 왔다. 최동호는 박용래 시에서 시적 자아의 태도를 현실로부터 멀어짐을 통해 삶의 구체성을 얻는 태도, 욕망을 비움으로써 서정적 세계의 넓힘을 터득하는 태도라고 밝힌다.[52] 진순애는 박용래 시에서 시적 자아의 태도를 탈주관화된 자아의 태도라고 말하며 이 때문에 박용래 시의 절제된 미가 가능하다고 말한다.[53] 그리고 김현자는 박용래 시가 시적 자아의 목소리를 감추어 사물들 사이의 공간을 한껏 열어둔다고 말하며, 독자는 자연의 한 정경을 극대화해 묘사하는 객관적인 어법, 함축적 여운으로 촉발되는 상상력을 발휘하게 된다고 언급한다.[54] 서정학도 이 같은 관점의 연장선상에서 응축과 생략 그리고 즉물적 이미지 제시를 통한 박용래 시의 시적 형상화 방법은 시적 화자의 언술을 배제함으로써 주관적인 판단이나 감정이 개입될 여지없이 독자의 자유로운 상상력을 촉발시킨다고 말한다.[55]

50) 최승호, 「박용래론: 근원의식과 제유의 수사학」, 『우리말글』 20, 우리말글학회, 2000. p.413.
51) 손민달, 「여백의 시학을 위하여」, 『한민족어문학』 48, 한민족어문학회, 2006.6. p.278.
52) 최동호, 「한국적 서정의 좁힘과 비움」, 『시와 시학』, 1991 봄호. p.146.
53) 진순애, 「박용래 시의 동일성의 시학」, 『인문과학』 33, 성대인문과학연구소, 2003. p.91.
54) 김현자, 「한국 자연시에 나타난 은유 연구-박목월 박용래를 중심으로」, 『한국시학연구』 20, 한국시학회, 2007.12. p.263.

이러한 박용래 시의 연구들은 시적 자아의 태도와 진술 방식, 글쓰기 방식을 통해서 박용래 시의 전언을 확인하려는 접근 방식을 보여준다는 점에서는 공통된다.

한국 현대시에서 김종삼 시는 독특한 개성을 지닌 것으로 평가 받고 있다. 그것은 주로 김종삼 시의 독특한 진술 방식 때문이었다. 김종삼 시의 개성적 진술 방식은 연구자들로 하여금 말의 생략과 절제를 통해 성취되는 여백과 잔상의 미학[56], 전후의 비극적 현실에 대한 대응 방식으로서의 통사구문 파괴의 문제, 유사성이나 인과성의 원리를 뛰어넘는 비유 체계의 문제, 한국어에 대한 새로운 실험 등에 주목하게 했다.[57] 그리고 김종삼의 작가 의식에 관해서는 1988년 간행된 『김종삼 전집』(장석주 편) 4부에 실린 여러 필자[58]들의 김종삼 연구를 기점으로 부재의식, 상실의식, 죄의식, 죽음의식 등의 틀에서 대동소이하게 언급되어왔다.[59] 이러한 연구들은 김종삼의 작가의식을 "그

55) 서정학, 「박용래 시의 특질에 대한 고찰」, 『비평문학』 25, 한국비평문학회, 2007.4. p.247.
56) '여백'은 황동규의 「殘像의 미학」(장석주 편, 『김종삼 전집』, 청하, 1988.)을 필두로 이후 연구자들이 가장 많이 언급한 김종삼 시의 특징을 설명하는 중요 요소 중의 하나이다.
57) 김종삼 시의 진술 방식에 대한 주요 연구는 다음과 같다.
    이민호, 「현대시의 담화론적 연구-김수영 · 김춘수 · 김종삼의 시를 중심으로」, 서강대 대학원 박사학위 논문, 2001.
    박현수, 「김종삼 시와 포스트 모더니즘 수사학」, 『우리말글』 31, 우리말글학회, 2004.8.
    남진우, 「한국 현대시에 나타난 '시간성의 수사학' 연구- 김수영 · 김종삼을 중심으로」, 『상허학보』 20, 상허학회, 2007.6.
    김용희, 「이중어 글쓰기 세대의 한국어 시쓰기 문제- 1950, 60년대 김종삼의 경우」, 『한국시학연구』 18, 한국시학회, 2007.
58) 여기에서 필자들은 '부재의식'(황동규, 「殘像의 미학」), '죄의식과 상실'(김주연, 「非世俗的인 詩」) 등을 언급하는 데 이를 토대삼아 이후의 연구들은 김종삼 시에 나타나는 의식의 문제를 구체화시킨다.
59) 이러한 의식들은 뚜렷이 구분돼 언급되기보다는 서로 상호 영향을 주고받으며 겹치고 보완되는 것으로 연구자들에 의해 지속적으로 논의되어 왔다. 주요 연구는 다음과 같다.
    강연호, 「김종삼 시의 내면의식 연구」, 『현대문학이론연구』 18, 현대문학이

와 세계 사이의 간극을 비화해적인 것으로"[60] 받아들이는 비극적, 비판적 현실 대응 인식과 관련시킨다는 점에서, 그리고 그것을 현실과의 연결고리를 통해 찾아보려 한다는 점에서 공통된다.

그러나 김종삼 시의 시적 자아가 보는 대상은 다분히 현실의 영역을 넘어선 것이라는 점에서 김종삼 시에 나타난 시적 대상의 의의를 설명하는 데에는 한계가 있다. 즉 김종삼 시에 나타나는 탈인과적 대상, 통사구조 파괴의 풍경 등은 그것을 바라보는 시적 자아의 태도를 면밀하게 살펴보아야 할 것이다. 이때 주목되는 연구들이 현실영역과는 별개의 것으로 김종삼 시를 언급한 연구들이다. 이경수는 김종삼 시의 변별적 세계가 "절대 침묵으로만 여겨지던 현실 저편의 영역을 향한 발돋움"에서 형성된다고 말하는데[61], 여기서 말하는 현실 저편의 영역이란 무의식의 차원이라 할 수 있다. 남진우는 김종삼 시가 함축하고 있는 것은 관찰자적 시선으로 변화한 도시의 변해가는 풍경을 포착하고 이것을 언어로 재구성하는 것이 아니라 이보다 더 본질적이고 근원적인 쪽을 지향하는 무의식의 발로라고 언급한다.[62] 그리고 한명희는 라캉의 '오이디푸스 콤플렉스' 개념으로 김종삼 시에 나타나는 죄의식의 연원을 규명하고 있다.[63]

지금까지 살펴본 연구들은 한국 현대시에서 이미지즘 시와 같이 대상을 객관적으로 표상하는 시 등을 주요 연구 대상으로 삼은 것들이

론학회, 2002.12.

권명옥, 「은폐성의 정서와 시학-김종삼론」, 『한국시학연구』 11, 한국시학회, 2004.11.

김옥성, 「김종삼 시의 기독교적 세계관과 미의식」, 『한국언어문화』 29, 한국언어문화학회, 2006.

이민호, 「전후 현대시의 크리스토폴 환타지 연구－ 김종삼, 김춘수, 송욱의 시를 대상으로」, 『문학과 종교』 11, 한국문학과종교학회, 2006.

60) 김현, 「김종삼을 찾아서」, 장석주 편, 『김종삼전집』, 청하, 1988. p.238.
61) 이경수, 「否定의 詩學」, 장석주 편, 『김종삼전집』, 청하, 1988. p.268.
62) 남진우, 『미적 근대성과 순간의 시학』, 소명출판, 2001. p.215.
63) 한명희, 「〈오이디푸스 콤플렉스〉를 통해 본 김수영, 박인환, 김종삼의 시세계」, 『어문학』 97, 한국언어문화학회, 2007.9.

었다. 이때 정지용, 김광균, 백석, 박용래, 김종삼 등은 중요하게 언급되는 시인들이었다. 이들 연구들은 대상 그 자체의 객관성, 독립성이 강조되는 한국 현대시에 대한 연구라는 점에서 본고가 말하려는 경물이 나타난 한국 현대시와 밀접하게 연관된다. 본고는 지금까지 살펴본 연구들의 성과를 바탕으로 한국 현대시에 나타난 경물의 제 양상과 그 의의를 살펴볼 것이다.

3. 연구 방법과 연구 대상

한국 현대시에서 시적 자아의 주관적 개입을 지양하고, 시적 대상을 객관적으로 형상화하는 시들은 대상의 형상 자체가 의미가 된다. 그리고 대상을 형상화하는 방식은 시적 자아가 대상을 보는 방식과 긴밀하게 연관된다. 그러므로 대상을 '보는 태도'가 이러한 시들을 이해하는 중요 요소이다. '대상들을 어떻게 보는가'의 문제에는 특정한 보기 방식을 택한 시적 자아의 대상에 대한 인식 태도가 내재해있다. 대상을 본다는 것은 단순한 감각의 차원을 넘어, 바라보고 있는 이의 사유의 틀과 밀접하게 연관된다. 볼 수 없는 것과 볼 수 있는 것을 가르고 특정한 것만을 특정한 방식으로 보게 하는 배치 방식은 그 안에서 사고하고 판단하는 사람들의 판단과 행동을 방향 짓는 중요 요소이다.[64] 그러므로 시적 자아의 보기 문제는 시적 대상의 형상이 강조되는 시에서 시적 자아의 의식의 심층, 그리고 그것과 관련된 시적 대상의 의미를 밝히는 것과 직접적으로 관련된다.

시적 자아가 대상을 보는 방식은 크게 원근법적 방식과 탈원근법적 방식으로 구분된다. 전자와 후자는 서구의 인간 중심적 세계관과 어떻게 관련되느냐에 따라 성격을 달리하는 보기 태도이다. 데카르트가

---

[64] 사람들에게 동일하게 반복되는 특정한 보기의 방식에는 사람들이 판단하고 행동하는 것을 결정하는 특정한 권력이 작동된다. 이진경, 『근대적 시·공간의 탄생』, 푸른숲, 1997. p.85.

말했던 사유하는 인간은 현대철학에서 말하는 '주체'의 핵심요소이다. 데카르트적 사유 주체로서의 인간은 일체의 경험적 존재들을 객체의 자리에 자리매김한다.[65] 인간 중심의 세계관은 객체가 주체에 의해 통어되고 질서화되는 것을 과학적이고 합리적인 것으로 간주한다. 인간이 보는 대상들은 주체가 임의로 변경할 수 있는 객체에 지나지 않으며, 주체에 의해 의미가 획득되는 사물이 된다.[66]

　인간 중심의 원근법적인 사유는 데카르트 시대에 와서야 일반화된 것이다. 원근법적인 사유는 인간을 세계를 보고 표상하는 '보는 주체'의 자리에 세운다.[67] 보는 주체인 인간은 자신의 눈에 보이는 대상만을 의미 있는 풍경으로 배치하고 표상한다. 대상의 보이지 않는 이면은 대상의 실재와는 관련이 없는 것으로 치부하고 사장시킨다. 인간의 눈에 선명하게 보이는 것만이 대상의 실재로 인정받는다. 그리고 인간은 중요하게 의미를 부여하는 대상일수록 전경화한다.[68] 인간이 주도하는 과학적 인과적 질서로 대상을 서열화하며, 이것을 대상의 실재를 가장 잘 드러내는 방법으로 간주한다. 이때 대상의 실재는 대상 그 자체이기 보다는 인간의 주관적 사고로 재구성된 것에 가깝다. 모든 대상은 인간의 눈앞에서 객체에 불과한 존재로 사물화된다.[69]

　근대적인 보기 방법인 원근법은 인간이 정한 중심으로서의 소실점을 대상들의 실재를 드러내는 기준으로 삼는다.[70] 원근법적 배치를

---

65) 윤효녕에 따르면 데카르트의 '코기토'로부터 인식의 주체와 대상 또는 주체와 객체라는 이원적 대립 구도가 비롯된다. 이러한 주체와 객체의 대립 구도는 주체가 객체의 속성을 소유 내지 전유하는 착취 관계가 가능하도록 한다. 윤효녕, 「데리다: 형이상학 비판과 해체적 주체개념」, 윤효녕 외, 『주체개념의 비판』, 서울대출판부, 1999. p.31.

66) 강영안, 「주체의 자리」, 길희성 편, 『전통·근대·탈근대의 철학적 조명』, 철학과현실사, 1999. p.87.

67) 주은우, 『시각과 현대성』, 한나래, 2003. p.196.

68) 마르틴 졸리, 이선형 역, 『이미지와 기호-고정 이미지에 대한 기호학적 연구』, 동문선, 2004. p.185.

69) David Levin, *The Opening of Vision*, New York and London: Routledge, 1988. p.65.

통해 대상은 입체감이라는 깊이를 가진다. 대상의 깊이는 대상을 가장 사실적으로 나타내는 것으로 간주된다. 이때 대상의 깊이는 시적 자아와 대상 사이의 원근감에 따라 생성된다. 대상은 주체가 주도하는 원근법적인 표상에서 타율적인 사물로서 자리할 뿐이다.[71]

그러나 대상의 실재는 하나의 고정된 모습으로 확정되지 않는다. 그것은 보는 위치에 따라, 보는 시간에 따라 유동적이다. 원근법적 주체는 그중 대상의 한 단면만을 볼 수 있을 뿐이다. 원근법적인 지평선은 시각이 미치는 극단적 한계이며, 이 한계는 대상을 바라보는 인간들의 한계이다.[72] 따라서 원근법적 주체가 대상의 전부를 다 볼 수 있다는 믿음은 허상이다. 원근법적 보기는 대상의 이면을 포착하지 못하는 것이다.

메를로 퐁티에 따르면 '나'라는 중심점을 기준으로 보는 공간은 공간의 안에서 '나'가 보는 양상이다. 그러므로 나는 공간에 둘러싸여 있다. 세계가 나를 둘러싸고 있는 것이지 내가 세계를 둘러싸고 있는 것이 아니다.

> 내가 각각의 사물을 보면서 그것이 어디에 있는가 알게 되는 이
> 유는 앞에 있는 사물이 뒤에 있는 사물을 가리키기 때문이다. 각각

70) 소실점은 대상들을 정확히 포착하고 영유할 수 있는 중심점으로서 과학적 수학적 이성을 갖춘 인간만이 점할 수 있는 자리이다. 주체의 의도는 대상들의 배치를 주관하는 중심점을 통해 교묘하고 강력하게 작용된다. 주은우, 『시각과 현대성』, 한나래, 2003. pp.366-367.
71) 근대문명은 시각의 우위에 서서 자연을 대상화하는 방향으로 걸어왔다. 근대투시화법의 기하학적 원근법과 근대 물리학의 기계론적 자연관, 그리고 근대 인쇄술은 이러한 방향을 대표하는 산물이다. 동시에 이러한 방향을 강력히 추진해온 것들이라 할 수 있다. 그러는 중에 인간은 시간도 공간도 양적으로 계량될 수 있는 것이라 생각했다. 그 결과 인간의 시간과 공간은 우주론적 의미를 빼앗겨 성스러움을 잃어버렸다. 나카무라 유지로, 양일모·고동호 역, 『공통감각론』, 민음사, 2003. p.61.
72) 오귀스탱 베르크, 김중권 역, 『외쿠메네: 인간환경에 대한 연구서설』, 동문선, 2007, p.357.

의 사물이 저마다 내 시선을 끌기 위해 겨루는 형국이 펼쳐진 이유
는 각각의 사물이 자기의 자리에 있기 때문이라는 사실에서 미스터
리는 비롯된다. 요컨대 두 전망 사이에 존재하는 그것이란, 사물들
의 껍질에서 발견되는 사물들의 외재성이요, 사물들의 자율성에서
발견되는 사물들의 상호의존 관계다. 깊이를 이런 방식으로 이해하
면 깊이가 더 이상 제 3의 차원이라고 말할 수 없다. 그것은 차라리
제 1의 차원일 것이다.[73]

내가 대상의 본질을 깨닫는 것은 그것의 앞, 뒤에 있는 대상들 간의
자율적인 상호의존 관계 때문이지, 나의 주체적 사유 때문이 아니다.
대상들의 깊이, 즉 대상들의 실재는 원근법적 시선이 창출하는 3차원
의 것이 아니라 1차원의 것에 가깝다. 그러므로 원근법적인 보기는 사
물들의 어렴풋한 윤곽만을 드러낼 뿐이다.[74] 그럼에도 원근법적인 표
상 방식은 입체성을 중시하며, 그것이 대상을 과학적으로 재현하는 것
으로 간주되어 왔다.[75] 원근법은 대상을 사실적으로 그린다고 말하지
만, 그때의 사실적이란 있는 그대로의 의미보다는 주체가 정한 원근법
적 배치의 구도에 끼워 맞춘 것에 가깝다.[76] 오히려 대상들은 주체의
눈이 아니라 스스로의 자율적인 능력에 의해 실재를 드러낸다. 대상
고유의 모습은 가시화되지 않는 대상의 영역이 인정됨으로써 나타난다.
장자는 보는 존재가 자기를 잊어버리고 대상을 따라 변해가는 것을
'물화(物化)'라 말한다. 물화는 대상을 시간이나 공간에 끼워 맞추어서

73) 모리스 메를로 퐁티, 김정아 역, 『눈과 마음』, 마음산책, 2008. p.106.
74) 모리스 메를로 퐁티, 김화자 역, 『간접적인 언어와 침묵의 목소리』, 책세상, 2005. p.38.
75) 동서양의 조형의 차이는 서양은 모방에 의한 입체 조형에, 동양은 의경에 입각한 평면 조형에 가깝다는 것이다. 동서양의 입체성과 평면성의 차이는 사물을 지각하는 방식의 차이와 연관된다. 서양화는 물상의 사실성을 재현하는 데 치중하고, 동양화는 오직 물상의 본질을 표현하는 데 치중하는 것이다. 하정화, 「동서 예술창조에 있어서의 동과 서−입체성과 평면성」, 민주식·조인성 편, 『동서의 예술과 미학』, 솔출판사, 2007. p.92.
76) 이토우 도시하루, 김경연 역, 『사진과 회화』, 시각과 언어, 1994. p.27.

고찰하는 것이 아니라, 시공간으로부터 대상을 단절시켜 보는 존재와 대상간에 주객합일의 경지를 이루도록 한다.[77] 주객합일의 경지에서 보는 존재와 대상간의 관계가 주체와 객체의 관계로 구분되지 않는다. 주체가 자기만족을 위해 대상을 도구화하지도 않는다. 이러한 태도는 물(物)로서 물(物)을 바라보는 이물관물의 태도로 물의 실재를 인간적 삶의 영역 이상으로 확대시키는 태도이다. 그리고 이는 이규보 이후 조선시대까지 계승된 수실거화(守實去華)나, 무위자연의 경지 등 한국의 전통적인 미학 사상과도 관련된다.[78] 지키는 것은 시적 대상의 실재로서의 실(實)이고, 버리는 것은 시적 자아의 주관적 욕망이 개입된 장식으로서의 화(華)이다. 이때 대상은 시적 자아가 볼 수 있는 형상을 넘어서는 의미를 가진다. 대상은 인간이 이해할 수 있는 영역 이상의 세계를 가지는 것이다. 이러한 대상의 세계는 시적 자아가 말을 감춤으로써 비로소 드러나게된다.

한시는 단어와 단어를 제시할 때 둘 사이의 관계를 생략해 버림으로써 풍부한 함축을 드러내는데, 그러한 함축을 통해서 언외지의가 생성된다.[79] 이는 대상과 대상 사이에서 시적 자아의 목소리를 절제하는 관조적 태도 때문에 가능하다. 관조적 태도로 표상한 풍경에서 대상의 의미 관계를 드러내는 것은 객관적으로 표상된 대상 그 자체이다. 대상의 의미는 시적 자아의 목소리를 비움으로써, 즉 침묵함으로써 가능하다. 그러나 시적 자아의 침묵이 완전한 말없음을 의미하는

---

77) 서복관, 권덕주 역, 『중국예술정신』, 동문선, 1990, p.131.
78) 민주식에 따르면 한국 전통 미학 사상의 특징은 이규보의 미학에서 구체화된 수실거화(守實去華) 사상과 무위자연의 경지에서 기인한다. 이는 '미(美)'를 창작자나 감상자의 자기만족 이상에서 찾는다. 말절(末節)에 속하는 '화(華)', 즉 장식적인 것을 버림으로써 예술의 '실(實)'을 얻는 것이고 선악, 미추, 교졸의 이원적 평가를 지양한다. 그리고 지양된 고차원의 상태에서 무위자연의 소박, 검소, 담박의 미를 추구 하는 것이다. 민주식, 「한국 전통 미학 사상의 구조」, 『미학예술학연구』 17, 한국미학예술학회, 2003. pp.35-36.
79) 김종서, 「옥봉 백광훈 시의 함축적 성격」, 『한국 한문학연구』 35, 한국한문학회, 2005.6. p.195.

것은 아니다.

　순수한 비어있음으로서의 완전한 침묵은 개념적으로도 실제로도
실현가능하지 않다. 단지 예술작품이 많은 다른 대상들을 갖추고
있는 세계에 존재하는 것 때문이라면, 빈곳과 침묵을 창조하는 예
술가들은 가득 찬 텅 빔, 풍요로운 빈 공간, 능변의 침묵 같은 변증
법적인 무엇인가를 생산해야 한다. 불가피하게 침묵은 말의 형태이
고, 대화에서의 요소이다.[80]

　시적 자아의 침묵은 다른 예술가들의 침묵과 마찬가지로 부재로써
형상의 의미를 현현하는 변증법적인 표상 방법이다. 시적 자아의 침
묵은 말하는 것보다 더 많은 의미를 전달하기 위한 것이다. 그러므로
침묵은 기표가 일상적인 기의에 종속되지 않고 다양한 방식으로 결합
하면서 다양한 기의를 생산하게 하는 미적 언어를 가능케 하는 통로
이다. 동양 시학에서 침묵으로 만들어진 여백은 '언어가 끝나면서 뜻
이 무궁해지는 자리'로 미적 경험의 자리이며, 주객이 혼융되는 총체
적 애매성의 자리이다.[81] 따라서 여백은 기표와 기의의 일반적 대응
관계 너머로 의미가 혁신되게하는 요인이다.
　의미의 혁신은 한 말로부터 하지 않은 말이 생겨나는 것을 통해 일
어난다. 새로운 뜻은 말한 사람의 뜻 또는 의도로부터 자유로운 것으

---

80) "A genuine emptiness, a pure silence are not feasible-either conceptually or
in fact. If only because the artwork exists in the world furnished with many
other things, the artist who creates silence or emptiness must produce
something dialectical: a full void, an enriching emptiness, a resonating or
eloquent silence. Silence remains, inescapably, form of speech and an
element in a dialogue."
Susan Sontac, "*The Aesthetics of Silence*" in *Twentieth Century Criticism,* ed.
William J. Handy & Max Westbrook, New Deihi ; Light & Life Publishers,
1974. p.458.
81) 이성희, 「동아시아 서정 미학의 존재론적 토대」, 최승호 편, 『21세기 문학의
동양시학적 모색』, 새미, 2001. p.201.

로서 사물을 지시하는 기표 자체에 의해 넘쳐난다.[82] 그러므로 새로운 뜻은 언어를 사용하는 자가 관습적으로 따르는 기표와 기의의 질서로부터 벗어나야 가능하다. 관습적인 의미는 특정한 지배이데올로기가 강요하는 사유의 틀을 바탕으로 한다.

시적인 언어는 관습에 저항하는 언어이다. 일반적인 사유의 틀을 허물고 새로운 의미를 생성하는 언어가 시적 언어이다. 시적 언어는 통념에 가려진 세계의 실재에 다가선다. 이러한 시적 언어는 미적 언어로서의 속성을 가진다. 미적 언어는 기표와의 대응 관계에서 이탈하는 기의들의 세계와 관련될 때 잘 나타난다. 미적 언어는 숨어 있던 의미들이 모두 한 가지 의미로 빨려 들어가지 않고 의미의 경합을 벌이는 언어이다.[83] 그러므로 미적 언어는 주체가 확정할 수 없는 모호함을 가진 언어이다. 이러한 미적 언어의 모호함은 일상 언어가 도달하는 차원을 넘어서 더 근원적인 차원에서 대상의 실재와 미적언어가 결합할 때 나타난다.[84] 이때 대상의 실재는 시적 자아의 목소리를 생략한 여백의 자리에서 배후적으로 드러난다. 그것은 기존의 기표와 기의의 대응 관계로는 정확하고 구체적으로 말할 수 없는 의미를 생성한다는 점에서, 언외지의(言外之意)로 나타난다.

언외지의는 시적 자아의 인식 영역보다 대상의 의미 영역이 더 크다는 것을 시적 자아가 인정하는 미적 태도를 가질 때 가능하다. 시적 대상의 독자적인 영역을 인정하고, 그것을 미적으로 경험하는 태도는 동양의 이물관물의 시작 태도와 상통한다. 이물관물은 시적 자아가 주관적 욕망으로부터 벗어나 자유의 경지에서 비로소 대상 고유의 아름다움을 경험하는 미적 태도이다. 이때 대상의 아름다움은 아는 것을 '망지(忘知)'하는 '모른다'의 상태 자체로 나타난다.[85] 대상의 고유

82) 양명수, 「은유와 구원」, 한국기호학회 편, 『은유와 환유』, 문학과 지성사, 1999. pp.27-29.
83) 폴 리쾨르, 양명수 역, 『해석학의 갈등』, 민음사, 2001. p.79.
84) 폴 리쾨르, 박병수·남기영 편역, 『텍스트에서 행동으로』, 아카넷, 2002. p.129.
85) 서복관, 권덕주 역, 『중국예술정신』, 동문선, 1990. p.131.

성은 시적 자아의 앎을 중심으로 구체화되는 것이 아니라 앎의 테두리를 해체하며, 그 이상으로 무한해진다.

이러한 대상의 실재, 즉 '모른다'의 상태에서 발견되는 대상의 아름다움은 서구의 탈주체적 인식 방법과도 일맥상통한다. 즉 주체 중심의 사유에 대한 성찰을 보여주는 들뢰즈의 탈유기체적 사유방식, 데리다의 차연과 해체의 사유방식, 라캉과 프로이트의 무의식적 응시 등은 언외지의를 가진 시적 대상의 의미와 의의를 구체화하고 유형화하는 데 유용하다.

들뢰즈에게 대상의 의미란 주체 중심의 인과적 논리로 생성되는 것이 아니다. 대상들 사이에는 인과 관계가 성립되지 않는다. 다만 모든 대상들은 원인일 뿐이다.[86] 대상들의 의미는 차이에 의해서 지속적으로 생성되고 변주된다. 그것은 '경계 없는 공간'을 따라서 울타리도 영토도 구성하지 않고 이동 확산될 뿐이다.[87] 그러므로 확정된 대상의 의미란 가능하지 않다. 데리다에 의하면 기표는 파생된 것이며, 그래서 모든 기표는 대리 표상에 가깝다.[88] 기표는 다른 기표와의 차이에 의존해서 그것의 의미를 생성할 뿐이다. 기원이나 언어 체계는 오로지 차이에 의해 드러나는 것으로써 결국은 첨가된 것이거나 대리보충된 것이다.[89] 이때 차이들은 그 자체가 실체가 아니라 구조 자체가 만들어 내는 효과에 불과하다. 따라서 주체 중심의 인과적 질서에 의해 확정된 기의란 객관적 진리가 아니다. 주체의 주관적 욕망으로 재구

---

86) 들뢰즈는 사물들은 자신들과 전혀 다른 본성을 가진 효과들의 원인인데 이 효과들은 '비물체적인 것'들이다. 이들은 물질들이나 속성들이 아니라 논리학적인 또는 변증법적인 '언어를 통해서만 실존하는' 빈위들(attribute-자연학적으로는 물체에 수반되는 부대물, 논리학적으로는 한 주어에 붙는 빈위 또는 술어가 된다.)이다. 이들은 사건들인데, 들뢰즈는 이 사건이 곧 의미라고 말한다. 질 들뢰즈, 이정우 역, 『의미의 논리』, 한길, 1999. pp.49-50.

87) 우노 구니이치, 이정우·김동선 역, 『들뢰즈, 유동의 철학』, 그린 비, 2008. pp.104-106.

88) 자크 데리다, 김웅권 역, 『그라마톨로지에 대하여』, 동문선, 2004. p.30.

89) 위의 책, p.257.

성된 대상의 표면적 의미에 불과하다. 기표 행위를 통해 사물들의 의미를 확정하는 일이란 애초에 가능하지 않다. 동일성이란 하나의 다른 것이 또 하나의 다른 것으로 연기되는 통로에 지나지 않을 뿐이다.[90] 기표에 대응되는 대상들의 의미는 끊임없이 미루어지며 나타남과 사라짐을 포괄하는 것이다.

라캉에 따르면 기표는 속성상 또 다른 기표들과 끊임없이 연관되는데, 그러한 기표의 연쇄 과정에서 주어, 즉 주체는 분열되고 사라지는 것을 반복한다.[91] 따라서 주체란 세계의 중심으로서 확고부동한 자리를 점하는 것이 아닌, 언어의 그물망을 끊임없이 여행하는 존재일 뿐이다. 기표 여행의 과정에서 기표의 틈으로 대상의 아름다움이 순간적으로 출몰하게 된다. 그것을 데리다는 주체의 목적 의식으로부터 완전히 절단된 자리로서의 기표의 틈 또는 빈 자리를 통해 드러나는 절대미라고 한다.[92] 그런데 절대미는 항구적, 지속적인 것이 아니라 순간적이고 일시적으로 나타나는 기의이다. 그것은 기표들 사이로 끊임없이 미끄러지고 지연되며 출몰한다. 따라서 아름다움은 주체의 의도 하에 발생하는 것이 아니다. 그것은 언어 자체에서 우연히 발생하는 것이며, 이때 의미를 생산하는 위치에 있는 것은 언어 그 자체이다.[93] 그러므로 이때의 주체는 언어 자체이다.

대상의 고유성은 시적 자아가 주도하는 기표와 기의의 질서에서 벗어나는 것을 통해 나타난다. 기표와 기의의 안정적 관계로는 대상의 실재가 드러나지 않는다. 대상의 실재는 매번 유보되며 변주된다. 시적 자아는 대상의 실재를 확정할 수 없다. 다만 시적 자아는 어긋남을 통해 대상의 실재를 행한 여행을 계속할 뿐이다. 대상의 실재가 시적 자아의 인식 밖으로 사라지는 자리는 라캉에 따르면 타자가 나를 바

---

90) 자크 데리다, 김보현 편역, 『해체』, 문예출판사, 1996. p.142.
91) 자크 라캉, 맹정현·이수련 역, 『자크 라캉 세미나 11권-정신 분석의 네 가지 근본 개념』, 새물결, 2008. pp.314-315.
92) 자크 데리다, 김보현 편역, 『해체』, 문예출판사, 1996. p.480.
93) 장문정, 『메를로 뽕티의 살의 기호학』, 한국학술정보, 2005. p.417.

라보고 있다는 것을 인식하는 자리이다. 즉 타자의 응시가 가시화되는 곳이다.

> 주체가 응시에 적응하고자 하는 순간 응시는 점 형태의 대상 즉, 사라지고 있는 점이 되고, 주체는 그 점을 자기 자신의 소멸과 혼동합니다. 또한 주체가 욕망의 영역에서 자신이 의존하고 있는 대상이라고 인정할 수 있는 모든 것들 중에서 응시는 특히나 포착 불가능하다는 특징을 갖습니다. 그런 이유에서 응시는 그 어떤 대상보다 몰인식됩니다. 같은 이유에서 주체는 '나는 내가 나를 보고 있는 것을 본다'는 의식의 환영 속에서, 점 형태로 소실되어 가는 자기자신의 자취를 그토록 즐겁게 상징화할 수 있는 것 …… 내가 만나게 되는 응시는 내가 보고 있는 응시가 아니라 내가 타자의 장에서 생산해 낸 응시입니다.[94]

응시는 '내가 나를 보고 있는 것을 비로소 볼 수 있게 함'으로써 나를 규정하는 것은 나의 사유가 아니라는 것을 자각하게 한다. 그러므로 응시를 자각하는 나는 일방적으로 대상을 보고 그 의미를 확정하는 것이 아니라 대상과 시선을 교환하게 된다. 이를 통해 일방적인 보기로 표상한 대상의 실재를 해체한다. 대상의 실재는 주체에 의해 확정되지 않는, 설명되지 않는 의미 영역을 가진다. 그러므로 대상의 실재는 시적 자아가 대상의 응시를 인식함으로써 가능하다. 그러나 실재를 완전하게, 확고부동하게 가시화하는 것은 불가능하다. 응시는 다만 환영으로서만 그것을 포착할 수 있기 때문이다.

설명되지 않는 실재를 독자적인 의미 영역으로 가진 대상들은 주체를 중심으로 인과적으로 배치되는 원근법적 질서에서 이탈한다. 대상의 실재는 대상이 다른 대상과 형성하는 계열화를 탈주해 현현된다는 특성을 가진다.[95] 이는 주체의 동일화 욕망으로 포섭되지 않는 자율

---

94) 자크 라캉, 맹정현·이수련 역, 『자크 라캉 세미나 11권-정신 분석의 네 가지 근본 개념』, 새물결, 2008. p.133.

성, 독립성을 지닌다. 사물화, 관습화된 속성을 벗어난 새로운 모습의 대상이다. 이러한 대상들의 풍경은 원근법적 관계에서 삭제되어 버린 것, 즉 주체의 통제를 벗어난 애매모호함과 변화무쌍함을 복원한 풍경이다.[96]

지금까지 언급한 탈주체적인 사유 방식은 본고가 규명하는 한국 현대시의 경물을 규명하는 하나의 방법론이 된다. 그것은 경물이 시적 자아 중심 또는 주체 중심의 원리로 구체화되기보다는 시적 자아의 이해 범주를 넘어서서, 개방되는 의미를 가진 시적 대상이기 때문이다. 그리고 경물은 시적 자아가 말로 정확히 설명할 수 없는 신성한 비의(秘意)를 가지며, 이 때문에 발생하는 애매모호함 자체를 실재로 삼고 있는 시적 대상이기 때문이다. 그러므로 인간 중심의 주체적 사유의 한계를 성찰하는 탈주체적 사유는 경물의 의미와 양상을 살피는 데 유용할 것이다.

본고는 한국 현대시에서 경물을 표상하고 있는 경우로 정지용, 김광균, 백석, 박용래, 김종삼 등의 시들을 살펴볼 것이다.[97] 이들의 시

---

95) 탈주선은 기존의 계열화 법칙에서 벗어나는 이탈이다. 그것은 관성적인 운동에서 벗어나 고유한 자아를 해체하고 진정한 분신을 만나는 방법이 된다. 이진경, 『노마디즘1』, 휴머니스트, 2002. pp.600-601.

96) 자크 라캉, 맹정현·이수련 역, 『자크 라캉 세미나 11권-정신 분석의 네 가지 근본 개념』, 새물결, 2008. p.150.

97) 본고가 말하는 '경물'과 유사한 시적 대상을 표상한 시인들로 박목월, 조지훈, 신동집, 김춘수 등이 있다. 이들의 일군의 시는 시적 자아의 목소리를 내재화해 대상을 객관적으로 표상한다. 박목월은 시적 대상과 대상 사이의 말을 절약해, 여백으로 대상의 의미를 환기한다. 그런데 박목월의 시는 연과 연이 인과적으로 연결되는 경향이 강한 편이다. 가령 그의 대표시 〈閏四月〉과 〈靑노루〉의 각 연 마지막 부분만을 이어보면 〈閏四月〉은 "울면"(1연)→"처녀사"는(2연)→"엿듣고 있다"(3연)로, 〈靑노루〉는 "녹으면"(1연)→"열두 구비를"(2연)→"눈에"(3연)→"도는 구름"(4연)으로 인과적으로 연결되며 하나의 완결된 풍경을 나타낸다. 시적 대상들이 하나의 전체 풍경으로 용해되는 모습이다. 그러므로 박목월 시의 시적 대상들은 본고에서 말하는 '경물'에 비해 독립성을 환기하는 속성이 약한 편이다. 조지훈의 시의 시적 대상들 또한 하나의 완성된 풍경을 위한 기능적 역할을 하는 편이다. 신동집의 일군의 시는 즉물적인 성격이 강한 편이다. 예를 들어 〈정물〉이

는 대상과 대상의 인접관계를 밝히는 시적 자아의 목소리를 최소화하면서 집합적 대상 군(群)을 제시한다. 그리고 주체와 객체의 위계질서를 무화시키며, 대상들 각각의 독립성을 가능하게 하는 시적 진술 방식을 보여준다. 이러한 시들에 나타난 시적 대상들은 자족성, 자율성, 탈인과성 등의 속성을 가진 경물이라는 점에서 공통된다. 그러면서 또한 각각에 따라 개별화된 특징을 보여준다.

정지용과 김광균의 시는 이미지즘적인 대상 표상 방식을 보여준다. 이미지즘 시는 시적 자아를 관찰자의 위치에 세워두고 시적 자아의 개입 없이 대상을 있는 그대로 묘사한다.[98] 그러나 정지용과 김광균의 시는 이러한 이미지즘적인 성격을 지니면서도, 동시에 그것으로는 설명되지 않는 시적 대상을 나타낸다. 즉 가시적인 모습 이상의 의미를 환기하는 시적 대상이 나타난다. 이러한 시적 대상은 서구적인 이미지즘 시의 시적 대상과는 성격을 달리하는 것이다.

백석은 기억 너머에서 유래되는 유구한 경물을 표상하면서 중심/비중심, 현재/과거, 도시/변방의 이분법적 위계 구조를 해체한다. 원근

나 〈오렌지〉 같은 작품들이다. 그러나 신동집의 시에서의 시적 대상은 시적 자아의 관념을 표현하는 도구적 역할을 하는 것에 가깝다. 김춘수의 이른바 '무의미' 시는 관념을 배제하고 대상을 즉물적으로 나타내려고 한다는 점에서, 본고에서 연구 대상으로 삼는 시들의 시적 대상을 제시하는 태도와 유사하다. 그러나 김춘수의 시의 시적 대상들은 시적 자아의 관념으로 '재구조화된 시적 대상'의 성격이 강한 편이다. 그러므로 김춘수의 시 또한 신동집의 시와 마찬가지로 시적 자아의 관념이 먼저이고 그것을 나타내기 위한 도구로 대상을 객관 표상하는 성격이 강하다. 이밖에 김소월은 한국의 전통적 자연관, 즉 자연과 인간의 유기성이 강조하는 시들로서 자연 경물을 말하는 시라 할 수 있다. 그런데 김소월 시의 시적 대상은 시적 자아의 정서적 반영태로서의 역할을 주로 한다는 점에서, 이물관물의 태도로 제시되는 경물과는 구분되는 시적 대상이다.

98) 이미지즘 시는 낭만주의 시가 지닌 감정의 상투적 표현과 의미의 추상화로부터 탈피한다. 그리고 고전주의에 입각한 정확, 정밀, 명확한 표현으로 고담하고 견실한 시를 추구한다. 이를 위해서 시각적 이미지를 필수적인 것으로 여긴다. 홍은택, 「영미이미지즘 이론의 한국적 수용」, 『국제어문』 27, 국제어문학회, 2003.6. p.160.

법적인 보기에서 기인하는 자기부정의 태도에서 벗어나 백석 시는 자기긍정의 의지로 경물들을 표상한다. 시적 대상은 주체가 기획한 인과적 질서에서 탈주하며, 탈영토적인 의미 확장을 계속한다. 박용래 시는 체언 병치의 진술 방식으로 경물과 경물 사이의 여백을 만들고 이를 통해 경물의 충실한 상을 드러나게 한다. 박용래 시는 경물의 표피를 걷어내고 그것의 실재를 바라보게 하는 수실거화(守實去華)라는 전통 시학의 미의식과 연관된다.

박용래 시는 현실과 관련된 시시비비의 문제와 거리를 두고 무의지적 보기 태도로 경물을 표상한다. 이는 동양 예술의 소요(逍遙)의 태도로 설명할 수 있다. 김종삼 시는 현실 자체를 소거하고 현실 너머의 비현실에 속하는 경물을 표상한다. 김종삼 시에 표상되는 경물은 환상적이고 과거적이다. 그것은 의식의 논리로는 설명이 불가능한 것으로 비자발적이고 일시적으로 나타난다. 이때 김종삼 시의 시적 자아는 현실 세계에서 결여된 완전한 충족의 선험적 세계인 실재계를 향한 무의식적 욕망을 보여준다. 그러므로 김종삼 시에 표상된 경물들은 무의식의 세계와 관련된다.

이와 같은 점을 중심으로 본고는 한국 현대시에서의 경물의 의미와 이와 관련된 대표적인 시를 통해 한국 현대시에 나타나고 있는 경물들의 제 양상을 살펴보겠다.

4. 경물 개념

'경물(景物)'은 한국의 전통 시학에서 중요 시적 대상이었다. '경(景)'은 일반적으로 아름다운 경치를 갖춘 공간인데, '경'을 시적 대상으로 삼는 시는 그것에 대한 묘사를 중시한다. '경'은 문학에선 주로 '소상팔경(瀟湘八景)'으로 대표되는 아름다운 산수 자연물이다.[99] 즉 '경'은 이

---

99) '경'에 해당되는 장소를 소재로 전형화해서 '소상팔경(瀟湘八景)'을 그린 시

세상의 모든 것을 가리키는 '물(物)' 중에서 시적 대상으로 구체화된 것이다.[100] 시화일치론과 밀접하게 연관된 전통 시학에선 특히 회화성이 강조되었다. 구체적으로 묘사되는 '경(景)'에 '정(情)'이 얼마나 잘 조화되어 있느냐가 시의 수준을 가늠하는 중요 기준 중의 하나였다. 『시경』 이래 동양 전통 시학의 중요 수사법인 '인물기흥(因物起興)'이나 '탁물우의(托物寓意)'는 모두 '물'의 구체적 형상을 중시했다.[101] 즉 '물'은 구체적인 모습을 가지고 있는 시적 대상이었다.

'물'을 시적 대상으로 삼는 시는 산수시(山水詩), 영물시(詠物詩), 서경시(敍景詩), 경물시(景物詩) 등으로 다양하게 칭해져 왔다. 이러한 용어들은 시적 대상을 '물'로 한다는 점에서 공통된다. 이때 '물'은 천지만물 모두를 뜻하는 말이지만, 한국의 전통 시학에선 눈앞에 보이는 경물을 우선적으로 지칭하는 것이다. 그리고 이때 경물은 주로 '산수'로 구체화된다.[102] 즉 한국의 전통 시학에서 경물은 모습을 가지고 있는 시적 대상을 말하는 것이며, 이때 시적 대상은 주로 산수였다.[103]

를 '소상팔경시'라고 말한다. 이때 소상 팔경은 아름다운 자연의 경물을 시적 대상으로 한다. 여기현, 「瀟湘八景의 表象性 硏究1」, 『비교어문연구』 2, 비교어문연구회, 1990. p.196.

100) '경물'은 일반적인 의미로는 산수 자연을 의미한다. 본고는 이러한 일반적인 의미의 산수자연물을 포함해, 이물관물의 태도로 제시된 시적 대상을 통칭하는 의미로 경물이란 용어를 사용한다.

101) '인물기흥(因物起興)'과 '탁물우의(托物寓意)'는 '아(我)'와 '물(物)'을 대등한 관계로 본다는 점에서는 공통된다. 그러나 전자가 상대적으로 '아'에 후자는 '물'에 중심을 둔다는 점에서 차이를 보인다. 따라서 인물기흥적 형상화는 물을 있는 그대로 드러내는 사경산수(寫景山水)의 모습을 보이게 되고, 탁물우의적 형상화는 조경산수(造景山水)의 모습을 보이게 된다. 김광조, 「금강산 기행시가의 산수형상화 양상」, 『어문연구』 35권 4호, 한국어문연구교육학회, 2007.12. p.374.

102) 조동일, 『한국시가의 역사의식』, 문예출판사, 1993. p.136.

103) 북한에서는 지난날 자연풍경이나 기물들을 노래한 시를 '경물시'라고 말한다. 이러한 경물시는 자연 현상이나 생활필수품 등을 보고 느낀 시인의 사상 감정과 체험세계를 표현한 것으로서 우리나라 중세문학에서 많이 창작되었다고 언급한다. 자연풍경이나 기물들을 노래한 시들은 현재에 와서도 많이 창작되고 있으나 이러한 것들을 경물시라고 부르지는 않는다고 말한

그런데 경물은 그것을 바라보는 시적 자아의 태도에 따라 속성을 달리한다. 경물을 바라보는 태도는 크게 두 가지로 말할 수 있다. 경물과 객관적 거리를 유지하는 '이물관물(以物觀物)'의 태도와 객관적 거리를 시인의 감정이나 관념으로 채우는 '이아관물(以我觀物)'의 태도이다.104) 이물관물의 태도가 시 쓰기에 있어서 대상을 중심으로 하는 것이라면 이아관물의 태도는 시적 자아의 주관적 정서를 중심으로 하

다(사회과학원주체문학연구소, 『문학예술사전(상)』, 과학백과사전종합출판사, 1988. p.177) 1938년에 발간된 임학수의『팔도풍물시집』은 전국의 문화재와 자연을 답사면서 썼다는 점에서 북한에서 말하는 경물시에 가깝다고 할 수 있다. 그런데 이 시집의 시적 대상들은 대체로 시적 자아의 감회를 나타내는 역할을 한다는 점에서, 이물관물로 표상되는 시적 대상인 경물들과는 구별된다.

김영철에 따르면 자연 서정을 읊은 시를 북한 현대시에서는 '풍경시'라고 말한다. 북한의 풍경시는 서정성을 바탕으로 하지만 때로는 이념적인 사상성을 깔고 있는 시편도 산견된다. 이러한 북한의 풍경시에서는 동양의 '산수시'가 보여주는 철학적 사유를 찾아보기 힘들다. 그래서 정지용의 『백록담』 시편 같은 산수시로 명명하기에는 적합하지 않다. 김영철, 「북한 현대시의 장르적 고찰」, 『국어국문학』 135, 국어국문학회, 2003.12. pp.444-446.

104) 정운채에 따르면 한시론에서 '경'을 다루는 관점은 크게 세 가지로 나눌 수 있다. 『시경』의 육의(六儀) 가운데 부(賦)・비(比)・흥(興) 등 시의 기법에 사용되고 있는 '물(物)', 왕부지의 『강재시화』에서 '정경교융(情景交融)'을 지향하는 정경론(情景論)에서의 '경(景)', 유협의 『문심조룡』에서 화론(畵論)을 응용한 형신론(形神論)에서의 '형(形)' 등이다. 이들은 모두 '경(景)'을 출발점으로 하고 '정(情)'을 도착점으로 한다는 공통점을 지닌다.(정운채, 「瀟湘八景을 노래한 시조와 한시에서의 '景'의 성격」, 『국어교육』 79, 한국어교육학회, 1992. p.262.) 시적 대상을 미적으로 반영하는 태도는 이물관물(以物觀物)과 이아관물(以我觀物)의 태도로 크게 대별된다. 그리고 전자는 다시 '물'을 객관적 대상물로서 파악한 경우와 '물'에 내재한 속성을 표현한 경우로 분류된다. 즉 '물상(物象)'을 표현한 경우와 '물성(物性)'을 표현한 경우로 나뉜다. '본다'라는 지각 작용에 따라 '물상'은 직관, '물성'은 관조와 관계된다. 그리고 이아관물의 태도로 시적 자아가 느끼는 것을 위주로 하는 '정사(情思)'는 감정이입과 관계된다. 이와 관련된 문제는 김준옥의 「詠物詩의 성격 고찰」(『한국언어문학』 29, 한국언어문학회, 1991. p.266)과 여기현의 「瀟湘八景의 시적 형상화 양상」(『비교어문연구』 5, 비교어문학회, 2003. p.46)을 참조.

는 것이다. 그러나 두 태도 모두 경물을 중시한다는 점에서는 공통되었다. 이물관물의 태도는 물로서 물을 바라보는 관물의 태도이다. 이는 '나'의 멸각을 통해 가능한 무아지경(無我之境)의 미적 경지를 추구한다는 점에서 도가적 태도에 가깝다. 이아관물의 태도는 물로써 '나'의 주체적 깨달음을 나타내려 한다. 그리고 이는 유아지경(有我之境)의 미의식을 보여준다는 점에서 유가적 태도에 가깝다.

1930년대 한국 현대시에 대두되기 시작하는 이미지즘적 진술 방식은 시적 자아의 개입을 최소화하고 시적 대상만을 객관적으로 묘사하려 한다는 점에서 이물관물의 시작 태도와 밀접하게 관련된다. 김기림이 말한 1930년대 한국 현대시의 새로움이란 "사물에 의하여 주관을 노래하거나 또는 사물의 인상을 표현하는 것이 아니고 다시 말하면 시가 주관의 방편이 아닌"[105] 이미지즘 시의 시적 진술을 보여주는 객관주의였다. 이러한 객관주의는 주체 중심적인 사유를 근본으로 하는 한국 현대시의 감상성과 경향성으로부터 탈피한 것이었다. 이미지즘 시는 시적 자아의 주관성을 최대한 억제하고 "사물 자체의 성격이 발견되어 새로이 구성되는 시의 건축"을 도모했다.[106] 이러한 태도는 서경덕의 "나를 잊고 능히 물이 물인 깨달음을 얻었다."[107] 등과 같은 이물관물의 전통적인 시학 태도와 상통된다. 즉 1930년대 한국 현대시에서 대상을 객관적으로 제시하는 시작 태도의 새로움은 서구적인 이미지즘의 기법과 함께, 전통적인 시학 태도와 영향 관계를 갖는다.[108]

---

105) 김기림, 「객관세계에 대한 시의 관계」, 『김기림 전집2』, 심설당, 1988. p.118.
106) 위의 책, p.119.
107) "到得忘吾能物物"(「無題」, 『花潭集』권1), 조동일의 『한국시가의 역사의식』(문예출판사, 1993) p.134에서 재인용.
108) 이미지즘적인 진술 방식에서의 시적 자아는 관념을 배제하고 순수대상을 묘사한다. 이러한 시적 자아는 시적 자아와 대상 간의 일정한 거리를 유지한다. 이 거리는 인간의 관점을 배제한 만큼의 거리이다. 이때 시적 대상이 되는 자연은 방법 또는 수단이 아니라 목적이 되며, 이러한 태도는 '노장적 자연관'이 반영된 조선조의 시가에 잘 나타난다. 김준오, 『시론』, 삼지

1930년대 부터 한국 현대시에 새롭게 등장한 시적 대상은 시적 자아의 주관적 의도로부터 벗어나 대상 스스로가 의미를 생산하는 자율성을 지닌다. 그리고 시적 자아가 주도해서 부여한 관습적인 의미에서 벗어난 창조적이고 개성적인 의미를 갖는다. 이러한 시적 대상은 시적 자아가 자신의 이념적 경계 너머를 지향하는 태도로 표상한다는 점에서, 이물관물의 태도로 표상한 경물에 해당된다.[109]

한국 시의 경물과 용어적인 그리고 개념적인 측면에서 유사한 시적 대상은 다른 나라의 시에서도 나타난다. 그중 대표적인 것들을 살펴보면 다음과 같다.

'경물'은 일본의 전통시가에서도 시적 대상을 지칭하는 용어로 사용되었다. 일본의『고금와카집』[110]에서 경물은 시적 대상으로서의 자연물상이다. 이때의 시적 대상은 인간 마음의 동태를 반영한 것이며 규범적인 미의식을 바탕으로 한 것이었다.『時代別日本文學史-中古編』에 따르면『고금와카집』에서의 "경물의 말은 천연자연의 운행에 대한 규범적인 것으로서의 미의식을 포함하고 있다. 그처럼 규범적인 미의식은 저절로 당시의 일반 사람들에게 공감할 만한"[111] 것이다. 즉 일본

원, 1991. p.332.

109) 한국의 시학에서 경물에 대한 미적 태도는 이규보의 "물과 접촉하면, 읊지 않은 날이 없었다. 每寓興觸物 無日不吟"(『동국이상국집』후집 권2), 정극인의 "物我一體이어니 興인들 다를소냐"('상춘곡」), 기대승의 "주자의 구곡십장은 물로 인해 흥이 일어나 가슴 속의 취를 그려낸 것이다. 朱子於九曲十章 因物興起 以寫胸中之趣"(『고봉전집』권1) 등에서 대표적으로 나타난다. 조동일의『한국시가의 역사의식』(문예출판사, 1993) p.134에서 재인용.

110)『고금와카집(古今和歌集)』은 일본 헤이안(平安)시대의 와카집으로 기노 쓰라유키, 기노 토모노리 등이 천황(醍醐天皇)의 칙명으로『만요집』에 수록되지 않은 고가나 당시의 신가 등 1100 수 정도를 뽑아 엮은 것으로, 913년 무렵에 완성되었다.『만요집』을 계승한 것으로 '속 만요집'이라고도 한다. 문덕수 편,『세계문예대사전』, 교육출판공사, 1994. p.76.

111) "景物の言葉の成立があった。そしてこの景物の言葉は、天然自然の運行に対する規範的なるものとしての美意識を含んでいる。そのように規範的であることによって、その美意識はおのずと当時の人々一般に共感されるべきものとなる." 有精堂編輯部 編,『時代別日本文學史-中古編』, 有精堂, 1995. p.129.

시에서의 경물은 계절의 변화에 따라 다르게 나타나는 자연 풍경의 모습에 이입된 인간의 정서를 전형화해 나타낸 시적 대상이다. 즉 일본 경물시의 경물은 철따라 변하는 자연의 풍물이나 풍경을 노래하는 서경시의 시적 대상과 같이 계절 감각이 잘 드러나는 시적 대상이다.112)

한국 시의 경물은 형상을 중시한다는 점에서, 그리고 주로 자연 풍경이라는 점에서 17세기 영미시에 대두되기 시작한 풍경시(topographical poetry)와도 비교된다. 풍경시는 샤무엘 존슨에 따르면 근본적인 주제가 어떤 특정한 지역의 풍경이고 역사적 회상 또는 그것에 부수하는 명상에 따르는 장식 같은 것을 첨가한 시이다. 이러한 풍경시는 영국의 풍경화에 대응되는 것으로 존 데넘(John Denham)의 1642년 작 〈쿠퍼의 동산〉(Copper's Hill)에서 확립된다.113) 풍경시는 대체로 자연이 가지는 역사적, 도덕적 의미를 밝히려 한다. 이때 시적 대상으로서의 자연은 그것에 대한 시적 자아의 주관적 해석에 의해 의미화된다. 따라서 주체 중심적인 자연 풍경 묘사라 할 수 있다.

대상 중심적인 측면이 강하다는 점에서 17세기의 영미 풍경시의 시적 대상보다는 20세기 영미시에 대두된 이미지즘 시의 시적 대상이 한국 시의 경물에 좀 더 가깝다. 대상의 입장에서 대상을 바라보는 이물관물의 태도는, 시적 자아가 아닌 시적 대상 스스로가 시적 대상을 말하게 하는 이미지 시의 대상 표상 방식과 유사하다. 즉 시적 대상을 표상하는 태도가 시적 자아의 주관적 욕망을 제거하는 것을 바탕으로 한다는 점에서 공통된다.

에즈라 파운드(Ezra Pound)가 이끄는 영국과 미국 시인들에 의해 20세기 초에 주도된 이미지즘 운동은 자유시 옹호, 구체적인 이미지, 경

---

112) 남현정, 「기타하라 하쿠슈의 도시 계절 감각 고찰」, 『일본어문학』 38, 일본어문학회, 2008. 9. p.75.

113) Alex Preminger and T.V.F Borgan co-editers, *The new princeston Encyclopedia of poetry and poetics*, princeston;newjersey, princeston university press, 1993. p.286-287.

제적인 시어 사용 등을 주장했으며 향후 현대시에 지속적인 영향을 끼친다. 이미지스트들은 단순하고 사물적인 것(physical thing)을 시의 속성으로 삼고, 대상 자체로부터 대상을 제시하는 것을 의도했다. 랜섬은 이미지즘 시를 사물시(physical poetry)[114] 라고 말하며 이미지즘 시가 다음과 같은 특징을 지닌다고 말한다.

> 나는 철저하게 물질적인 것에만 의존하는 그러한 시들을 사물시라고 부르고자 한다. 그것은 추상적인 개념 위에 굳게 서 있는 시의 반대편에 서 있는 것이다. …… 이미지는 자연 또는 야생에 있는 것으로, 그곳에서 발견되어야 하지 그곳에 놓여서는 안 되는 것이다. 우리 인간의 것이 아닌 그들 자신의 법칙을 따라서 말이다.[115]

'사물시'는 관념을 바탕으로 하는 '관념시(platonic potery)'의 상대적 개념으로 눈에 보이는 것만을 정확하게 표현하는 이미지즘 시의 표본이다. 대상들의 이미지를 "그들 자신의 법칙을 따라서 발견하는" 이미지스트들의 시작 태도는 시적 자아의 주관적 개입을 제어하고 대상을 객관적으로 표상하려 한다는 점에서 한국 시학의 이물관물의 태도와 유사하다. 그런데 이미지즘 시에서 시적 대상은 시적 자아의 가시적 범주로 한정되며 객체화된다.[116] 그것은 시인의 눈앞에 드러난 형상

---

114) 문덕수에 따르면 한국 현대시에서 '사물시'란 용어는 랜섬의 'Physical poetry'를 번역해 사용한 것이다. 김춘수는 「사물시와 관념의 문제」(『시문학』 1981.12)에서, 문덕수는 『한국모더니즘 시연구』(1981, 7.p.50)에서 사물시란 용어를 사용한다. 이후부터 연구자들은 본격적으로 '사물시'란 용어를 사용하기 시작한 걸로 추측된다. 문덕수, 「사물과 관념」, 『시문학』, 2009. 4. p.149.

115) "I shall give a to such poetry, dwelling as exclusively as it dares upon physical things, the name Physical poetry. It is to stand opposite to that poetry which dwells as firmly as it dare upon ideas. …… The image is in the natural or wild state, and it has to be discovered there, not put there, obeying its own law and none of ours." John Crowe Ransome, "*Poetry ; A note On Ontology*" in *Twentieth Century Criticism,* ed. William J. Handy & Max Westbrook, New Deihi: Light & Life Publishers, 1974. p.45.

제1부 한국 현대시의 '경물' 연구 ▎ *45*

만으로 단순화되는 것이다. 그래서 이미지로 "갑작스러운 자유의 감
각 즉 시간과 공간의 한계를 벗어난 감각, 다시 말해 가장 위대한 작
품을 만났을 때의 경험을 제공"[117]하고자 했던 에즈라 파운드의 의도
가 효과적으로 구현될 수 없었다.

　이미지즘 시에서 대상은 그것을 관찰하는 시적 자아의 가시적 범주
에 의해 사물화된 객체이다. 즉 그것의 의미가 시적 자아의 눈에 의해
결정되는 타율적인 대상이다. 따라서 형상 이상의 의미를 자율적으로
환기하는 경물과는 변별된다.[118]

　대상이 사물로서 표상되는 것과 경물로서 표상되는 것의 차이는 대
상을 바라보는 방식의 차이에서 기인한다. 대상을 본다는 것은 시적
자아가 미적 체험을 하는 중요한 방법의 하나이다.[119] 대상을 어떻게

---

116) 본고에서는 '시적 대상'을 크게 '자율성'을 지닌 것과 '타율성'을 가진 것으
　　로 대별해 사용한다. 자율적인 속성을 가진 시적 대상은 주체적인 위치에
　　서 스스로의 능동적인 힘으로 의미 작용을 일으킨다. 이에 반해 타율적인
　　속성의 시적 대상은 시적 자아의 주관적 의도에 따라 의미화되는 것으로
　　서, 수동적인 객체의 위치에 자리한다. 본고에서 사용하는 용어인 '대상화'
　　또는 '사물화'는 시적 대상이 객체화되는 것을 의미한다.
117) Jacob Korg, "*Imagism*" *in Twentieth century poetry,* ed. Neil Roberts,
　　Messachusset: Blackwell Publishers, 2001. p.132.
118) 시적 대상의 자율적 의미 작용이라는 측면에서 '경물'은 릴케가 말하는 '사
　　물시Dinggedicht'의 '사물dingen'과도 유사하다. '사물시Dinggedicht'에서 시
　　적 대상인 '사물dingen'은 그 자체가 완전한 형상을 가진 것으로서, 대상
　　스스로 대상 이상의 것을 환기하는 것이다. (변학수, 「릴케의 사물시 기법
　　과 시적 아우라」,『헤세연구』, 한국헤세학회, 2000, p.178.) 그러나 한국 현
　　대시에서 객관 적으로 표상되는 시적 대상들은 '사물시'의 시적 대상보다는
　　'이물관물'의 미적 태도로 표상된 한국 전통시의 시적 대상과 긴밀하게 연
　　관된다는 점 그리고 릴케의 '사물dingen'은 영시 이미지즘에서 말하는 '사
　　물physical thing'과의 변별성이 약하다는 점 등 때문에 '사물dingen'보다는
　　'경물'이라는 용어로 더 적합하게 설명될 수 있다.
119) 중국의 최초의 문학 비평서인『문심조룡』에서 유협은 "사물은 귀와 눈을
　　통하여 정신과 접촉된다.(物沿耳目)", "눈으로 자연을 접한다.(目旣往環)", "눈
　　으로 사물을 감상하게 되면 창작 충동이 일어난다.(觀物興情)"라는 구절을
　　통해 미적 체험이 보고 듣는 것의 감각기관을 통해 이루어진다는 것을 말
　　한다. 김민나,『문심조룡』, 살림출판사, 2005. p.97.

보는가에 따라 대상에 대한 미적 체험의 양상이 달라진다. 근대는 모든 것을 자신 앞에 세워진, 즉 표상된 대상으로 파악하는 시대였다.[120] 그래서 대상을 본다는 것은 주체 앞에 대상을 세우고, 그것을 명백하게 객관적인 어떤 것으로 표상하는 것이었다. 주체의 능동적인 관찰에 의해 수동적인 것으로서의 대상을 밝히는 것이다. 이때 대상은 주체의 보기 범주 안으로만 한정되어 의미화된다는 점에서 독립성을 잃어버린 객체이다.

이미지즘 시의 요체였던 객관적 관찰에 의한 시각적 표상에는 주체 위주의 보기 태도가 내재한다. 이때 시적 자아의 눈은 대상의 형상에 고착되어 대상의 고유 의미를 보지 못한다. "가시적인 것은 인간의 관성적인 대상화에 강하게 저항하며, 우리의 욕망에 따라 그 자체를 충분히 드러내지 않고, 그것 자체를 전체적으로 양도하지 않기"[121]때문이다. 근대적 주체로서의 타자에 대한 절대적 힘은 타자의 모든 것을 밝히는 힘이 아니라, 타자를 철저히 주체 위주의 부속물로 만드는 힘이다. 따라서 근대적 주체의 눈으로 가시화한 대상이란 근대적 주체의 주관이 반영된 대상의 모습일 뿐이다. 대상의 실재와는 거리가 있다. 이때 시적 대상은 타자적 존재이며, 고유성을 잃어버린 사물이다.

지금까지 언급한 일본의 경물시, 영미의 풍경시, 그리고 사물시와 이미지즘 시의 시적 대상은 이물관물로 표상된 한국 시의 경물과 다음과 같은 각각의 상대적인 차이를 보인다.

일본 경물시나, 영국 풍경시는 그 시적 대상을 주로 자연물로 삼는다. 이때 시적 대상에는 시적 자아의 정서나 의도가 강하게 반영된다. 따라서 시적 대상은 시적 자아의 주관적 의도를 드러내기 위한 하나의 도구적 성격이 강하다. 즉 대상과 시적 자아의 관계는 객체와 주체

---

120) 스티브 홀게이트, 「시각, 반성 그리고 개방성」, 마틴 제이 외, 정성철·백문임 역, 『모더니티와 시각의 헤게모니』, 시각과 언어, 2004. p.153.
121) David Levin, *The Opening of Vision*, New York and London: Routledge, 1988. p.68.

의 수직적 관계에 가깝다. 특히 일본의 경물시는 시적 자아의 주관적 해석이 정한 범주 내로 시적 대상의 의미를 규범화해서 나타낸다. 이에 비해 사물시 또는 이미지즘 시의 시적 대상에는 시적 자아의 주관적 개입이 상대적으로 절제되어 있는 편이다. 사물시 또는 이미지즘 시의 시적 대상은 자연물 이외의 인공물이나, 인간의 풍속까지 다양한 편이다. 그리고 시적 자아의 정서가 개입되는 것을 최소화해 시적 대상의 실제 모습을 객관적으로 드러내려고 한다. 그러나 시적 자아의 눈에 보이는 대상의 가시적 모습에 고착함으로써, 결과적으로는 대상의 이면을 사장하고 표피만을 드러내는 깊이 없는 묘사로 귀착된다. 그러므로 대상의 실제를 나타내는 데 한계를 보여준다. 이러한 시적 자아의 눈이 대상의 의미를 생성하는 기준이 된다. 따라서 시적 자아와 대상 간의 관계에서 대상은 여전히 객체에 가깝다.

한국 시에서 객관적으로 형상화되는 시적 대상으로서의 경물은 앞서 언급한 다른 나라 시들의 시적 대상보다 상대적으로 자율성과, 능동성을 강하게 가진다. 한국 시에서 이물관물의 태도로 객관적으로 표상되는 경물은 시적 자아와 '물(物) 대 물(物)'의 수평적 관계를 맺는다. 이때 경물은 시적 자아가 주관적 욕망을 제어하고 '물'의 입장에서 바라봄으로써 가능한 독립성을 지닌다. 시적 자아가 주관적 욕망을 제어하는 것은 시에서 시적 자아와 경물 간에 미적 거리를 가지는 것으로 나타난다. 시적 자아와 경물의 거리는 외부적 관찰자와 대상 간의 거리이거나, 대상들에 둘러싸인 내부적 관찰자와 대상의 거리이다. 그러나 이러한 거리는 모두 시적 자아와 경물의 관계를 수평적이며 상호적이게 하는 바탕이 된다는 점에서는 공통된다.

경물에 대한 시적 자아의 인식 태도는 유연하고 개방적이다. 그래서 시적 자아가 다 보지 못하는 경물의 모습도 인정하고, 그것을 수용한다. 시적 자아는 주체로서의 자기 욕망을 해체해 경물 자체 속에 살아 있는 고유성을 드러낸다. 이는 관조의 태도를 바탕으로 한다. 관조의 태도는 나를 잊는 경계 속으로 들어가 산수의 원모습을 감상하는 미적 경험이다.[122] 이때 경물은 형상 너머로 끊임없이 스스로의 의미를 자율적으로 청신하여 개방한다. 그러므로 경물은 작가의 눈으로 볼 수 있는 것 이상의 의미세계를 가진 시적 대상이다.

경물은 주체의 위치를 점하고 있는 시적 자아 앞으로 호명돼 수학적, 과학적으로 규정되는 타자적 대상이 아니다. 경물은 시적 자아가 다 설명할 수 없는, 또는 다 그려낼 수 없는 언외지의 영역을 가진다. 이를 이제현은 『역옹패설』에서 "옛 사람의 시는 눈앞에 '경'을 묘사할 적에 말 밖에서 '의'를 구했고 말을 다했어도 뜻은 다함이 없었다."[123] 라고 말한다. 이러한 언외지의를 가진 경물은 시인의 인식보다 깊고 큰 의미 영역의 세계를 가진다. 경물은 그것을 지시하는 기표에 대응하는 기의에서 이탈함으로써 의미의 영역을 최대화한다. 그러므로 경물은 독자의 상상력을 극대화시킨다.

경물의 언외지의는 '여백'을 통해서 드러난다. 여백은 대상과 대상 사이의 관계를 설명하는 정보를 생략하는 데서 발생한다. 여백은 시적 자아의 목소리가 침묵하는 부분이다. 예술가들은 텅 빔, 빈 공간, 침묵을 통해서 그 반대의 것을 변증법적으로 드러내려 한다.[124] 시인에게 그것은 모순이기도 한데, 기표를 사용하지 않음으로써 기표를 사용한 효과를 나타내려는 방식이기 때문이다. 시적 자아의 침묵은 유한한 형상을 통해 형상 너머의 무한한 것을 표현한다. 이를 동양 예술 특히 문학에서는 상외(象外)의 상(象), 경외(景外)의 경(景)이라 한다.[125] 그러므로 경물은 가시적으로 나타나는 것 이상의 모습인, '상외

---

122) 이강범, 「중국 고전시가에 나타난 자연관의 변화 - '以我觀物'에서 '無我之境' 까지」, 김경수 외, 『동서양 문학에 나타난 자연관』, 보고사, 2005. p.169.

123) "古人之詩 目前寫景 意在言外 言可盡 而味不盡" 이제현, 『역옹패설』後集 一. 을 정운채의 「瀟湘八景을 노래한 시조와 한시에서의 '景'의 성격」(『국어교육』 79, 한국어교육학회, 1992) p.260에서 재인용.

124) Susan Sontac, The Aesthetics of Silence" in Twentieth Century Criticism, ed. William J. Handy & Max Westbrook, New Deihi ; Light & Life Publishers, 1974. p.458.

125) 조민화, 『중국철학과 예술정신』, 예문서원, 1997. p.149.

의 상', '경외의 경'을 가진다.

경물들의 풍경은 시적 자아의 눈을 중심으로 하는 원근법적 배치 구도를 해체한 풍경이다. 경물들은 시적 자아와의 거리감으로 배치되지 않는다. 시적 자아는 대상들을 일정한 거리감으로 병치 열거하며 표상한다. 시적 자아가 시적 대상을 바라보는 태도, 즉 관물(觀物) 태도는 사물의 아름다움은 어떻게 발생하는가의 문제에 호응하는 태도이다.[126] 관물 태도 중의 하나인 이물관물의 태도는 '아(我)'의 개입을 소거하고 물로서 물을 봄으로써 어느 한 순간에 보이는 사물의 아름다움을 포착하려는 태도이다.[127] 그러므로 경물과 경물의 관계 양상을 설명하는 시적 자아의 주관적 목소리가 최소화되고 경물들이 서로 직접 관계를 맺는다. 따라서 경물과 경물의 접속은 불연속적인 연속의 양상을 띤다. 이때 경물과 경물의 관계에서 발생하는 의미는 낯설고, 갑작스러우며, 일시적이다.

일시적이고 갑작스럽게 나타나는 경물들의 의미는 시적 자아의 무관심적인 관심을 통해 발견할 수 있는 대상의 새로움이며 순수한 아름다움이다. 이러한 대상의 아름다움을 칸트는 오로지 대상에 대한 관심을 집중함으로써 다른 마음이 끼어들지 못하게 하는 무관심적인 관조의 태도에서 성립 가능한 아름다움이라고 말한다.[128] 경물은 시

---

126) 정민, 「관물정신의 미학 의의」, 최승호 편, 『21세기 문학의 동양시학적 모색』, 새미, 2001, p.134.
127) 물론 이물관물의 태도는 시적 자아의 개입을 완전히 차단하지는 못한다. 시적 자아가 대상을 바라보고 그것을 기표화하는 과정에는 취사선택이라는 시적 자아의 주관적 의도가 반영될 수밖에 없다. 단 이물관물의 태도는 시적 자아의 주관적 개입을 최소한으로 절제하고, 상대적으로 시적 대상의 자율성을 극대화함으로써 가장 개성적이고 전복적으로 시적 대상의 새로운 아름다움을 발견하려는 것이다. 정민에 따르면 소강절은 『皇極經世書』의 「觀物內篇」에서 눈으로 사물의 외피만을 보는 것을 '이아관물'에, '이(理)'로 사물의 본질을 꿰뚫어 보는 것을 '이물관물'에 견주고, '이물관물'을 '반관(反觀)'이라 하여 '물로서 '물'을 보니 그 사이에는 '아(我)'가 게재될 수 없다고 하였다. 또 '물'로서 '물'을 보는 것은 '성(性)', '아'로서 '물'을 보는 것은 '정(情)'이라고 말했다. 위의 논문, p.120.

적 자아의 의도를 전달하려는 목적을 배제함으로써, 시적 자아의 의도로 훼손되지 않은 고유한 아름다움이 나타나는 시적 대상이다.

이물관물의 관물 태도로 표상되는 경물은 1930년대 한국 현대시에서 다시 대두되기 시작한다. 김기림은 새로운 시들이 갖추어야 할 성격으로 비판적, 즉물적, 전체적, 경과적, 정의와 지성의 조합, 유물적, 구성적, 객관적 등을 말한다.[129] 그는 이러한 조건에 부합되는 시들로 정지용, 김광균의 이미지즘 시에 주목했다. 이미지즘 시의 새로움은 시적 대상을 형상화하는 태도의 차이에서 기인했다. 그것은 구체적으로 감정의 객관화였다. 감정의 객관화는 시각적인 감각을 위주로 대상을 객관 묘사하는 것이었다. 이때 묘사는 주체의 개입을 막아 대상을 해석하지 않고 존재케 하는 것을 지향하는 것이다.[130]

이러한 묘사를 바탕으로 하는 1930년대의 새로운 시적 진술은 전대의 한국 현대시에서 가장 중시되던 시적 자아의 정서 또는 사상을 부수적인 것으로 치부한 것이었다. 그래서 주체와 객체라는 시적 자아와 대상의 관계 구도를 무너뜨린 급진적인 대상 표상 방식이었다.[131]

---

128) 김광명, 「칸트미학에서의 무관심성과 한국미의 특성」, 『칸트연구』 13, 한국칸트학회, 2004. 6. p.18.

129) 김기림, 「시의 모더니티」, 『김기림전집·2』, 심설당, 1988. p.84.

130) 정효구, 「묘사시의 전개양상과 그 의미」, 『한국 현대시와 平人의 사상』, 푸른사상사, 2007. p.125.

131) 대상 표상 방식의 '새로움'의 강도만큼 정지용과 김광균 시에 대한 평가는 극단적으로 나뉘었다. 정지용 시에 대한 김환태의 '지성을 가장 고도로 갖춘 시인'이란 긍정적 평가(「정지용론」, 『삼천리문학』 2집, 1938)와 송욱의 '위신없는 〈재롱〉'이란 부정적 평가(「정지용 즉 모더니즘의 자기부정 정신」, 『시학평전』, 1963), 그리고 김광균 시에 대한 김기림의 '소리조차 모양으로 번역하는 기이한 재주'(「삼십년대의 시단 동태」, 『인문평론』, 1940)라는 긍정적 평가와 임화의 '이미지즘의 무방향성', '무사상의 기교주의'(「시단의 신세대-교체되는 시대조류」, 조선일보, 1939)라는 부정적 평가 등이 대표적인 경우이다. 긍정적인 평가들은 대상을 회화적으로 나타내는 진술 방식의 '새로움' 자체에 의미를 두었다. 반면 부정적 평가는 '새로움'이 서구의 이미지즘 기법과 비교해 볼 때 기교적인 차원에서 머물러 있다는 점, 즉 사상 부재의 차원에 머물렀다는 점에 주목했다. 이러한 정지용, 김광균 시의 객관적인 대상 표상에 대한 평가들은 대체로 근대와 유사근대 또는 근대와

그런데 이미지즘적 방식으로 새롭게 나타난 대상은 서구의 모더니티와 관련된 객관주의적 시학으로는 설명되지 않는 요소가 있었다. 앞서 김기림이 말한 새로운 시의 요건들을 수렴하면서도 이미지즘적인 객관 표상 방식 이상의 성격을 가진 것이었다. 이는 시적 자아가 자기성을 지양하고 대상의 자율성을 지향하는 미적 태도를 가짐으로써, 시적 대상이 배후적 형상을 가지는 것과 관련된다.

시적 대상은 배후적 형상을 가짐으로써 시적 자아의 눈으로는 다보지 못한 신성한 의미 영역을 가진 것이 된다. 이때 시적 대상의 의미 영역은 가시적인 범주 내의 선명한 의미로 고착되는 것을 넘어서서 무한해진다. 이는 서구의 이미지즘 시에서의 시적 대상과는 변별되는 특징적 요소로서, 이물관물의 태도로 표상되는 경물이 가진 특성으로 수렴되는 것이다. 즉 경물은 이미지즘 시의 시적 대상으로서의 속성과 함께 이물관물의 전통적 시학에서의 시적 대상으로서의 속성을 수렴한다. 그러므로 경물은 1930년대 한국 현대시에 나타난 객관 표상의 새로움을 과거와의 절연이 아니라 과거와의 연속선상에서 설명해야 하는 근거가 된다.

이같이 한국 현대시에 나타나는 '경물'의 특징을 정리하면 다음과 같다. 첫째, 보기 방식으로 객관 표상된 것이다. 즉 형상을 가진 것이다. 경물은 형상을 통해 형상 이상의 것을 나타내려는 '이물관물'의 관물 태도로 형상화된다. 따라서 시적 자아의 관념을 드러내기 위해서 도구화된 시적 대상과는 변별된다. 둘째, 경물은 탈원근법적 보기를 통해 표상된다. 시적 자아와 일정한 거리를 유지하며 병치 열거되는 방식으로 경물은 표상된다. 경물은 부분의 독립성을 유지하며 이질적

전통이라는 이분법적 틀을 기준으로 한다는 점에서 공통되었다. 그러나 '감정의 객관화'는 근대와 전통 어느 한쪽에 방점을 두고 말할 수 없는 것이었다. 그것은 근대적인 것과 전통적인 것이 혼용되어 있는 것이었다. 정지용은 전통적인 것을 지향하는 「문장」파의 대표적인 일원이면서 동시에 이미지즘적 발상같은 모더니즘적 진술 방식을 시도했다. 또한 김광균은 '비애'라는 전통적 서정과 회화적 객관 묘사를 함께 시에 나타내고 있었다.

인 다른 경물들과 불연속적으로 연속된다. 따라서 경물들로 이루어진 풍경은 전체적이며 동시에 개별적이다. 셋째, 시적 자아와 경물 사이의 관계는 상호적이다. 시적 자아는 자기성을 소거하고 대상의 입장에서 대상을 바라본다. 이때 시적 자아와 경물은 보는 것과 보이는 것이라는 주객의 관계로 위계화되지 않는다. 넷째, 시적 자아와 경물의 거리는 경물들 속에 포함된 시적 자아와 경물 사이의 거리이다. 따라서 시적 자아가 자신의 위치를 시적 대상이 속한 세계 밖에 두고 대상을 보는 이미지즘 시와는 차이가 있다. 경물은 시적 자아를 둘러싸고 있는 시적 대상이며, 이때 경물은 시적 자아보다 더 큰 의미 영역을 가진다. 다섯째, 경물은 형상을 넘어서는 고유성을 가진다. 경물의 고유성은 부재를 통해 드러나는 경물의 실재이다. 부재는 경물 간의 관계를 설명하는 시적 자아의 목소리가 생략됨으로써 생기는 여백이다. 여백을 통해 생성되는 경물의 고유성은 사회적 역사적인 합목적성으로는 설명할 수 없는 신성하고 독립적인 의미 영역이다. 이때 경물의 의미는 단일화되어 선명해지는 것이 아니라 개방되며 확산된다.

결론적으로 한국 현대시의 경물은 이물관물의 태도로 제시되는 시적 대상으로서 형상을 넘어선 실재를 가진 것이며, 이때 실재는 언외지의 비의(秘意)적 속성을 가진다. 이러한 경물들을 표상하는 한국 현대시는 한국 현대시사에서 가장 전복적인 상상력을 보여주는 시들에 해당된다. 그리고 그것을 드러내는 양상에 따라 그 모습이 각각 개별화, 구체화되어 나타난다. 이에 대해선 다음의 장부터 자세히 살펴볼 것이다.

Ⅱ. 경물의 시적 표상 범주

1. 이미지즘적 표상

정지용과 김광균 시에 타나난 대상 표상 방식은 이미지즘 시와 상관 관계를 가졌었다. 정지용과 김광균은 모두 '관념'에 대한 '이미지'의 우위성을 주장했다.[132] 이러한 태도는 "과거의 시는 음악적이었다. 그러니까 새로운 시는 음악성을 부정하고 회화성만을 인정해야 한다"[133]라고 김기림이 말한 새로운 시에 부합되는 것이었다. 이미지즘 시의 핵심은 대상에 대한 시적 자아의 관념을 소거하고 눈에 보이는 그대로 대상을 정확하게 객관적으로 표상하는 것이었다.[134] 이때 대상은 그것을 바라보는 시적 자아의 눈에 보이는 범주 내에 있는 것으로 한정된다.

이미지즘 시는 시적 자아의 감정을 제어하고 시적 대상 그 자체에 주목한다는 점에서 대상을 객관적으로 보려는 시였다. 그런데 시적 자아의 눈을 중심으로 대상을 보이는 것과 보이지 않는 것으로 구별하고 배치한다는 점에서 시적 자아 중심의 논리가 내재하는 것이다. 이미지즘 시에서는 시적 자아와 대상의 관계가 보는 것과 보이는 관계, 즉 주체와 객체의 수직적 관계의 질서로 배치된다. 그리고 시적 자아의 눈에 들어오는 것만이 표상할 가치가 있는 것으로 본다. 시적

---

132) 장윤익, 「한국적 이미지즘의 특성-1930년대 시를 중심으로」, 『문학이론의 현장』, 문학예술사, 1980. p.53.
133) 김기림, 「30년대 掉尾의 시단 동태」, 『김기림전집·2』(심설당, 1988), p.69.
134) 에즈라 파운드가 주재한 이미지즘 시는 이미지스트의 강령으로 1. 일상 용어를 사용하며 정확한 말을 사용할 것, 2. 새로운 리듬을 지어 낼 것, 3. 주제의 선택을 자유롭게 할 것, 4. 심상을 제시할 것, 5. 조각같이 확연하고 눈에 보이는 시를 지을 것, 6. 중점 집중(重點集中)이 되게 할 것을 제시한다. 김재근, 『이미지즘 연구』, 정음사, 1973. p.27.

자아가 밝히지 못하는 대상의 고유성은 의미화되지 않는다.[135] 보는 것과 볼 수 없는 것을 나누고 볼 수 있는 것만을 표상하는 이미지즘적인 보기 방식은 대상을 주체에 감각적으로 종속시키는 것이다. 결국 이미지즘 시는 모든 주체의 감각에 종속된 대상의 표피만을 나타내는 것으로 한정되고 만다. 그러므로 이미지즘 시의 대상은 타율적이고 사물적인 존재가 된다. 시적 대상을 주체에 종속된 타자로 보는 것이다. 이미지즘 시에서 시적 대상은 주체 중심의 지성적 논리를 바탕으로 재구성된다. 이는 정지용과 김광균의 시론을 통해서도 나타난다.

> 안으로는 熱하고 겉으로는 서늘하옵기란 一種의 生理를 壓伏시키는 노릇이기에 심히 어렵다. 그러나 시의 威儀는 겉으로 서늘하옵기를 바라서 마지 않는다. (중략) 感激癖이 시인의 美名이 아니고 말았다. 이 非期的, 肉體的인 地震 때문에 叡智의 水原이 崩壞되는 수가 많았다.[136]

> 시에 있어서 形態를 除한 對象(文學內容)은 藝術全般에 共通된 것이므로 論外로 하고도 詩가 다른 文藝와 軌道를 달리한 독특한 形態를 가진 이상 一種의 獨特한 「形態의 思想性」을 가지고 있을 것이다. 이 「形態의 思想性」과 作品內容과의 連鎖關係를 잘 摸索해보면 거기서 意外로 좋은 收穫이 있을 것 같다.[137]

정지용은 시인이 대상에 대한 감정을 제어하는 것은 본능과도 같은

---

135) 이미지즘적인 보기 방식은 대상에 대한 관찰자의 일방적인 보기로 시종일관 한다는 점에서 정지용, 김광균과 동시대에 활동한 박태원 소설의 창작 방법인 고현학과도 연관된다. 김홍식에 따르면 고현학의 가치중립성은 과학적 합리성을 기준으로 한, 일방적이고 단선적인 사고방식으로 사실과 현상의 추이만을 살핀다. 따라서 사실과 현상에 내재한 가치와 의미를 물을 필요가 없게 한다. 김홍식, 「박태원 소설과 고현학」, 『한국현대문학연구』 18, 한국현대문학회, 2005.12. pp.334-335.

136) 정지용, 「詩의 威儀」, 『정지용 전집-산문』, 민음사, 2003. p.250.

137) 김광균, 「서정시의 문제」, 『인문평론』, 1940.5.

"일종의 생리"를 "압복"시키는 것이므로 어려운 문제라고 말한다. 그러나 새로운 시는 "감읍벽" 대신 "예지"로서 이루어져야 한다. 시에서 "감읍벽"을 제어한다는 것은 시에서 시적 자아의 주관적 목소리가 직접적으로 드러나지 않고, 간접적으로 나타나거나 아예 소거된다는 것이다. "감읍벽" 대신 "예지"로 대상을 표상하는 것은 이성적, 객관적 대상 표상이다. 대상을 표상하는 원리인 "예지"는 정지용 시에서 대상이 표상된 형태 속에 내재되어 나타난다. 정지용이 말하는 "예지"의 연장선상에 김광균이 말하는 "형태의 사상성"이 있다. 김광균이 '형태'를 절대시하는 이미지즘적인 방법을 택한 것은 관념적인 세계로부터 자유로워지기 위한 것이었다.138) '형태'를 규정하는 시적 자아의 주관적 의식을 제거한 "형태의 사상성"이란 '형태' 그 자체가 '사상'을 가지는 방식이다. 이때의 '사상'이란 형태를 만드는 방식에 내재된 것으로서 정지용이 말하는 "예지"에 해당된다. '사상과 예지'는 표상 대상을 각각 도시와 자연으로 하는 차이를 보인다. 그렇지만 대상을 드러내는 방식에서는 공통된다. 객관적 거리를 전제하고 표상하되 주체를 중심으로 하는 원근법적, 인과적인 논리로 대상을 제시한다는 점에서 공통적이다. 이러한 점을 작품을 통해 구체적으로 살펴보면 다음과 같다.

> 나지익 한 하늘은 白金 빛으로 빛나고
> 물결은 유리판 처럼 부서지며 끓어오른다.
> 동글동글 굴러오는 짠바람에 뺨마다 고흔피가 고이고
> 배는 華麗한 김승처럼 짓으며 달려나간다.
> 문득 앞을 가리는 검은 海賊같은 외딴섬이
> 흩어저 날으는 갈메기떼 날개 뒤로 문짓 문짓 물러나가고,
> 어디로 돌아다보든지 하이한 큰 팔구비에 안기여
> 地求덩이가 동그랐타는 것이 길겁구나.

---

138) 박현수, 「김광균의 '형태의 사상성'과 이미지즘의 수사학」, 『어문학』79, 한국어문학회, 2003. p.413.

넥타이는 시언스럽게 날리고 서로 기대 슨 어깨에 六月볕이 시며
들고
한없이 나가는 눈ㅅ길은 水平線 저쪽까지 旗幅처럼 퍼덕인다.
                                    — 정지용, 〈甲板우〉[139]

'하늘, 물결, 배, 외딴섬, 갈매기떼, 수평선'은 '甲板우'에서 바라보는
시적 자아를 중심으로 원근법적으로 배치되어 있다. 원경인 "하늘"에
서 근경인 "배", "외딴섬"으로 그리고 다시 "수평선"으로 시적 자아의
눈에 의해 대상들이 재구성된다. 표상되는 대상들은 '白金 빛, 유리판,
華麗한 짐승, 검은 海賊, 旗幅'이라는 보조관념에 의해 선명해진다. 정
지용 시의 대상 표상의 새로움은 대상들을 지시하는 보조 관념들이
낯설다는 데에서도 기인한다. 그리고 이때 대상들의 관계는 시적 자
아의 눈을 통해 제시된다. 그런데 이때의 새로움은 시적 자아의 목소
리를 시적 자아의 눈으로 대신한다는 점에서 주체 중심적이다. 시적
자아의 관념을 시적 자아의 눈으로 대체해 원근법적으로 시적 대상을
표상한다. 정지용의 "예지"는 시적 자아를 중심으로 원근법적으로 대
상을 표상하는 것이었다. 이는 "예지"가 대상의 실체를 가장 정확하게
드러내는 "시의 威儀"라는 믿음을 바탕으로 한 것이었다.

시적 자아의 목소리를 시적 자아의 눈으로 대체했다는 점에서 정지
용 시는 사물 자체를 아무 선입관 없이 객관적으로 표상하려는 이미
지즘 시와 유사하다. 그러나 이때 '아무 선입관 없이'는 시적 자아의
목소리가 제어되고 있다는 의미로만 한정된다. 시적 자아의 자기멸각
을 통해 대상의 고유성을 발견하는 것과는 다르다. 시적 자아의 "예지"
가 주체의 위치를 여전히 점유하고 있기 때문이다. 대상을 시각적으
로 정확하게 말한다는 이미지즘 시는 대상이 가지는 효과보다는 대상
자체에 주목한다.[140] 그것은 결과적으로 대상의 표면적 형태에 고착

---

139) 본고는 정지용의 시를 『정지용 전집1-시』(민음사, 2003)에서 인용한다.
　　이후에는 정지용 작품 인용 시 시인 이름과 제목만을 명기하겠다.

된다. 시적 자아가 일방적으로 보는 눈만으로 대상을 표상하기 때문이다. 대상은 시적 자아에 의해 보이는 존재이다. 사르트르에 의하면 보는 주체는 보이는 대상을 객체화한다.[141] 이때 대상은 시적 자아에 의해 낱낱이 밝혀지는 존재 이상의 고유 영역을 가지지 못한다. 즉 수동적이고 타율적인 사물에 불과하다. 때문에 이미지즘 시편들은 내면적으로 깊은 감동을 주는 데 실패한다. 그래서 이미지즘 시는 오로지 기법적인 정확성만을 주장하고, 심층의 신념이 없는 깊이 없음의 혁신이라는 비판을 받는다.[142] 결국 이미지즘적 표상은 시적 자아가 일방적인 바라보기로 대상에게 시선 권력을 행사하는 것이라 할 수 있다. 정지용의 이미지즘적 시들도 마찬가지이다. 일군의 정지용 시는 감각의 신선함, 그 경이의 세계를 보여주는데 그친다. 정지용의 다음과 같은 작품들이 대표적이다.

오·오·오·오·오· 소리치며 달려 가니
오·오·오·오·오· 연달어서 몰아 온다.

간밤에 잠살포시/머언 뇌성이 울더니,
오늘 아침 바다는/포도빛으로 부플어졌다.
철석, 처얼석, 철석, 처얼석, 철석,
제비 날아 들듯 물결 새이새이로 춤을추어.
                                          – 정지용, 〈바다1〉 전문

고래가 이제 橫斷 한뒤/海峽이 天幕처럼 퍼덕이오.

……힌물결 피여오르는 아래로 바독돌 자꼬 자꼬 나려가고,

---

140) 김재근, 『이미지즘 연구』, 정음사, 1973. p.128.
141) 변광배, 『장 폴 사르트르-시선과 타자』, 살림, 2004. p.25.
142) Jacob Korg, *Imagism" in Twentieth century poetry*, ed. Neil Roberts, Messachusset: Blackwell Publishers, 2001. p.136.

銀방울 날리듯 떠오르는 바다종달새……

한나잘 노려보오 훔켜잡어 고 밝안살 빼스랴고.

미억닢새 향기한 바위틈에/진달레꽃빛 조개가 해ㅅ살 쪼이고,
청제비 제날개에 미끄러져 도-네
유리판 같은 하늘에./바다는――속속 드리 보이오
청대ㅅ닢처럼 푸른바다/봄

― 정지용, 〈바다6〉

　　정지용 시의 "바다"는 주체의 관념이나 정서 대신 표상된 대상 자체
로 의미화된다. "바다"는 '근대문명의 수용 의지' 또는 '식민지 지식인
의 고민'과 같은 주체의 관념을 표현하기 위한 도구가 아니다. 눈에 보
이는 그대로 감각적으로 묘사된다. 정지용의 "바다"를 더욱 새롭게 하
는 것은 회화적 묘사들의 낯섦에 있다. 정지용 시의 "바다"를 회화적
으로 지시하는 '오·오·오·오·오, 포도빛, 天幕, 바독돌, 銀방울'의
생경함이 정지용 시의 "바다"를 새롭게 한다. '오·오·오·오·오, 포
도빛, 天幕, 바독돌, 銀방울'이 "바다"를 표상한다. 그런데 "바다"를 생
경하게 표상하는 이러한 기제들은 모두 시적 자아의 의식이 감각화된
것이다. '오·오·오·오·오, 포도빛, 天幕, 바독돌, 銀방울'을 떠올리
는 주체는 시적 자아의 의식이며, 그것을 내재한 시적 자아의 눈이 바
라보는 "바다"가 표상된 것이다. 결국 "바다"를 감각적, 객관적으로 표
상하는 정지용 시에는 주체의 의식이 중심역할을 한다. 즉 주체의 눈
이 철저히 가시화 유무의 기준이 된다. 그래서 주체의 시야를 벗어난
대상의 모습은 배제되고, 무화된다.
　　대상의 이면, 즉 비가시적인 부분까지도 투과해서 볼 줄 아는 바라
보기가 대상의 깊이를 드러낼 수 있다면, 형상에 고착되는 감각적 묘
사는 묘사의 새로움 이상을 선취하기 어렵다. 즉 주체의 가시적인 테
두리로 완결되는 대상 표상은 시적 자아의 시야를 벗어난 대상 고유

의 깊이를 보여주지 못한다. 시적 자아 중심의 바라보기는 원근법적 질서로 대상을 표상한다. 정지용 시의 시적 자아는 "上上峯"(〈절정〉)에 오르기까지의 시선의 이동에 따라 대상을 묘사하거나, 시간적인 순서에 따라 "아츰"(〈아츰〉)의 풍경을 묘사한다. 이 같은 원근법적 대상 표상은 김광균의 시에서도 나타난다.

구름은 한떼의 비둙이/꽃다발같이 아련―하고나

電報대 列을지어/먼―산을 넘어가고
느러슨 숲을마다/초록빗 별들이등불을켠다

오붓한 동리앞에/포푸라 나무 外套를입고

하이―한 돌팔매 같이/밝은등을 뿌리며
이어둔 黃昏을 소래도없이/汽車는 지금 들을달닌다
―김광균, 〈新村서―스켓취〉[143]
언덕우엔/병든소를 이끌은少年이 있고
갈대닢이 고요헌 水面우에는
저녁안개가 고흔花紋을 그리고있다

조그만등불이 걸녀있는 믈길우으로
季節의 忘靈같이/검푸른 돗을단 적은욧트 가
노을을 향하여 흘너나리고
나는雜草에 덮인 언덕길에 기대어서서
풀닙 사이를 새여오는
해맑은 별빛을 줍고 있었다

　　　　　　　　　　　― 김광균, 〈湖畔의 印象〉

143) 본고는 김광균의 시를 김학동・이민호 편,『김광균 전집』(국학자료원, 2002)
　　　에서 인용한다. 이후에는 김광균 작품 인용 시 시인명과 작품명만을 명기
　　　한다.

    김광균 시의 특징은 회화적이라는 것이다. 철저하게 회화적인 것을 위주로 하는 김광균의 시에서 대상은 시적 자아의 위치를 중심으로 원근의 거리감과 선조적인 시간의 흐름을 바탕으로 표상된다. 〈新村서-스켓취〉에서는 '구름, 별, 기차'의 원경과 '전봇대, 포푸라 나무'의 근경이 교차되고, 시간의 흐름에 따라 "등불을켠다", "밝은등을 뿌리며", "汽車는 지금 들을달닌다"가 표상된다. 즉 원근과 시간의 질서를 바탕으로 하나의 풍경이 '스켓취'된다. 〈湖畔의 印象〉에서도 언덕길에 서 있는 시적 자아를 중심으로 "병든소를 이끌은 소년", "水面우", "저녁안개", "욧트", "별"이 원근으로 배치되어 표상된다. 동시에 "저녁안개가 고흔花紋을 그리고있다", "노을을 향하여 흘너나리고", "해맑은 별빛을 줍고 있었다"라는 시간의 흐름을 바탕으로 대상들이 표상된다. 이 같은 김광균 시의 대상 풍경은 시적 자아가 중심의 자리를 고수하고 있다. 시적 자아의 가시적인 범주에 있는 대상들만 의미화한다. 김광균 시에서는 시점이 능동적으로 바뀌면서 나타날 수 있는 이미지의 비약, 예견, 창조 등을 볼 수 없다.[144] 대상들은 전체 풍경을 제시하기 위한 도구일 뿐이다. 김광균 시의 대상 풍경은 시적 자아의 가시적 범주내로 완결되는 풍경이다. 그러므로 김광균이 말하는 "형태의 사상성"이란 정지용이 말하는 "예지"와 마찬가지로 시적 자아가 대상의 형태를 결정하는 것이다. 결국 김광균 시의 대상표상은 시적 자아의 목소리를 '형태'에 내재한 주체 중심적 표상이다.

    주체 중심적인 바라보기는 주체의 정서가 대상에 개입되는 형식으로 나타난다. 이때 대상들이 이루는 풍경은 주체의 정서를 중심으로 동일화되고, 그것으로 의미가 확정된다.

> 해ㅅ살 피여/이윽한 후,//
> 머흘 머흘/골을 옮기는 구름.//
> 桔梗 꽃봉오리/흔들려 씻기우고.//

---

144) 박태일, 『한국 근대시의 공간과 장소』, 소명출판, 1999. p.51.

차돌부터/촉 촉 竹筍 돋듯.//
물 소리에/이가 시리다.//
앉음새 갈히여/양지 쪽에 쪼그리고,//
서러운 새 되어/흰 밥알을 쫏다.

— 정지용, 〈朝餐〉 전문

여윈 그림자를 바람에 불니우며
나혼자
凋落헌풍경에 기대여 섰으면
쥐고있는 집행이는 슬픈 피리가되고
金孔雀을 繡노은 옛생각은 설기도하다

저녁안개 고달픈旗幅인양 나려덮인
單調로운 외줄기 길가에
앙상헌 나무가지는
히미헌 觸手를 저어 黃昏을부르고

조각난 나의感情의
한개의 슬픈 乾板인 푸른하늘 만
멀—니 발밑에누어 히미하게 빗나다.

— 김광균, 〈蒼白한 散步〉

  정지용 시 〈朝餐〉과 김광균의 시 〈蒼白한 散步〉에 표상된 대상들은
모두 "나"의 "서러움"과 "슬픈"같은 정서로 귀결된다는 점에서 대동소
이하다. 〈朝餐〉의 '구름, 桔梗 꽃봉오리, 새'는 시적 자아의 '서러움'으
로, 〈蒼白한 散步〉의 '저녁안개, 외줄기 길가, 앙상헌 나뭇가지, 푸른
하늘'은 시적 자아의 '슬픔'으로 의미화된다. 시적 자아의 목소리가 정
서로 대치되어 대상들의 의미 테두리를 선명하게 하고 있다. 대상들
은 시적 자아의 정서로 대변되는 대상 풍경 전체의 의미를 전달하는
도구에 가깝다. 대상들은 각각의 고유 의미가 환기되기보다는 전체

풍경의 의미로 단일화, 표면화된다. 가령 정지용 시에서는 "눈물겨운 白金팽이를 돌니는"(〈바다〉7), "서러움"(〈바다〉4), "失心한 風景"(〈슬픈 印象畫〉) 등의, 김광균 시에서는 "외로운 들길"(〈뎃상〉), "내가슴엔 처량헌파도소래"(〈午後의 構圖〉), "내 어듸로 어떠케 가라는슬픈信號기"(〈瓦斯燈〉) 등의 정서로 표면화된 전체 풍경이 제시된다. 이러한 표면화는 감각적인 이미지 창조로 선명하고 견고해지는 대신에 내포의 폭이 축소되어 평면화된다.[145]

풍경을 표면화하는 정서가 노출되는 부분은 대부분 시적 자아가 직접 등장하는 부분이다. 여기에서 작품 속의 시적 자아는 하나의 대상으로 등장한다. 대상을 바라보는 작품 안의 시적 자아를 작품 밖의 시적 자아가 바라보는 것이다. 이때 바라보는 것은 언제나 주체가 되고 바라보이는 것은 언제나 타자적 대상으로 전환된다.[146] "서러운 새 되어/흰 밥알을 쫒"는 '나'와 "凋落헌풍경에 기대여" 서 있는 '나'는 작품 안의 대상들을 바라보는 주체이며 동시에 작품 밖의 관찰자에게 보이는 타자라는 이중성을 가진다. 보임을 인식한 존재로서의 나는 주체에서 타자로의 전락이라는 낯선 경험을 하게 된다. 보이는 존재로서의 '나'라는 낯선 경험에서 '서러움, 슬픔'의 정서가 발로한다.

정지용, 김광균 시의 정서란 나를 바라보는 나와의 관계에서 발생한다. 또한 정서는 외부의 시선을 의식하는 낯선 경험을 한 '나'가 주체로서의 나의 자리를 놓고 시선 투쟁에 참여하고 있다는 것을 말해준다. 일방적으로 보이는 존재가 된다는 것은 사물과 같은 즉자적인 존재가 되는 것이다. 그러므로 '작품 속의 나'는 '작품 밖의 나'와 끊임없는 시선 투쟁을 할 수밖에 없다. 이때 '작품 밖의 나'는 시선 투쟁의 대상이며, 동시에 '작품 안의 나'를 객체화해 이 세계에서 나의 존재

---

145) 장도준, 「정지용 시의 음악성과 회화성」, 김신정 외, 『정지용의 문학세계연구』, 깊은 샘, 2001. p.52.

146) 마틴제이, 「사르트르, 메를로-퐁티, 그리고 새로운 시각을 존재론을 위한 탐구」, 데이비드 마이클 레빈, 정성철·백문임 역, 『모더니티와 시각의 헤게모니』, 시각과 언어, 2004. p.262.

근거를 마련해주는 역할을 한다.[147] 즉 '서러움, 슬픔'의 정서 자체가 '창백한 산보'와 '조찬'의 풍경 속에 존재하는 나의 존재 의미를 말해준다. 결국 '정서'란 풍경 속 '주체'로서의 나의 위치를 확고하게 하는 역할을 한다.

지금까지 언급한 이미지즘적인 대상 표상 방식은 표면적으로는 객관적인 태도를 취하지만, 내면적으로는 여전히 주체 중심적 태도를 견지하고 있는 것이었다. 이미지즘적 표상 방식은 대상을 바라보는 방식과 표상 자체에 또한 시적 자아의 정서에 주체 중심의 인과적, 원근법적 태도가 내재된다. 이미지즘적인 대상은 주체의 의도에 의해 배치된 도구이다. 이때 대상들의 의미는 주체 중심의 시야와 정서의 자장 안으로 선명해진다. 그러나 대상들의 고유성은 사장된다. 대상의 고유성은 시적 자아가 대상과의 관계에서 주체성을 완전히 포기할 때 환기되기 때문이다. 시적 자아가 자기를 멸각시킬 때 대상의 새로움이 발견될 수 있다. 자기멸각이란 전통적인 시학에서 대상을 표상하는 주요 태도 중의 하나였다. 이러한 전통적인 표상 방식은 근대적 원근법주의가 은폐했던 타자성을 가시의 영역 안으로 불러 세우는 태도이다.[148] 이때 비로소 시적 대상은 표면만이 아니라 그 심층까지 환기된다. 시적 대상이 단순한 사물이 아니라, 자율성을 갖춘 경물로 자리하는 것이다. 이를 다음의 장에서 자세히 살펴보겠다.

2. 비가시적 표상

시적 자아가 주체성을 지우고 시적 대상을 바라볼 때, 비로소 시적 자아의 가시적 범주 너머에서 대상의 고유성이 환기된다. 근대의 보

---

147) 변광배, 『장 폴 사르트르-시선과 타자』, 살림, 2004. p.89.
148) 남기혁, 「정지용 중 후기시에 나타난 풍경과 시선, 재현의 문제-식민지적 근대와 시선의 계보학(4)」, 『국어국문학』47, 국어국문학회, 2009. p.113.

기 방식인 원근법은 대상 세계를 정확히 포착할 수 있는 중심점을 설정한다.[149] 이러한 중심점을 통해 시적 자아는 주체로서의 의도를 대상에게 반영한다. 그런데 시적 자아가 주체로서의 자기를 지운다는 것은 특권화된 중심점의 자리를 시적 자아가 더 이상 점유하지 않는 것이다. 이같이 자기를 지우고 대상을 보는 태도는 동양의 전통 시학의 이물관물의 방식에 해당된다. '나'의 주관을 지양해 시적 자아와 대상의 관계를 '물(物)'대 '물(物)'의 수평적, 상호적 관계로 만든다. 이때 시적 대상은 그것을 보는 이의 시선으로는 다 밝혀지지 않는 고유의 자족적인 의미들을 가진 존재가 된다.

　이물관물의 태도는 대상의 의미를 시적 자아의 주관적 목소리가 아니라 시적 대상 자체에서 생성되게 한다. 이때 시적 대상들은 객체화, 사물화되는 것이 아니라 스스로의 고유한 속성을 드러내며 주체화, 경물화된다. 그러므로 이미지즘 시와는 달리 시적 대상의 의미가 표면적인 것에 고착되지 않고 형상을 넘어 비가시적인 영역으로 확산된다. 이물관물의 관물 태도는 정지용의 다음과 같은 시론에서도 잘 나타난다.

　　분방히 끓는 정담이 식고 호화롭고도 횟횟한 부끄럼과 건질 수 없는 괴롬으로 수놓는 청춘의 웃옷을 벗은 뒤에 오는 청수하고 고고하고 유폐하고 완강하기 학과 같은 노년의 덕으로서 어찌 주검과 꽃을 슬퍼하겠습니까. 그러기에 꽃의 아름다움을 실로 볼 수 있기는 老境에서일까 합니다.[150]

　　시의 技法은 詩學 詩論 혹은 詩法에 依託하기에는 그들은 意外에 無能한 것을 알리라. 技法은 차라리 練習 熟通에서 얻는다. …… 究極에서는 技法을 忘却하라. 坦懷에서 優遊하라. 道場에 올은 劍士는

149) 이진경, 『근대적 시·공간의 탄생』, 푸른숲, 1997. p.120.
150) 정지용, 「노인과 꽃」, 『정지용 전집-산문』, 민음사, 2003. pp.28-29.

움직이기만 하는 것이 혹은 거기 섰는 것이 절로 技法이 되고 만다. 일일이 기법대로 움직이는 것은 초보다. 渾身의 역량 앞에서 기법만은 초조하다. …… 自然을 속이는 變異는 斬新할 수 없다. …… 詩人은 완전히 자연스런 姿勢에서 다시 跳躍할 뿐이다. 優秀한 傳統이야말로 跳躍의 발디딘 곳이 아닐 수 없다[151].

"꽃"이라는 대상의 실체는 "노경"에서야 볼 수 있다. "노경"은 "분방히 끓는 정담"과 "호화롭고도 홧홧한 부끄럼과 건질 수 없는 괴롬"을 벗어나는 자리이다. 달리말해서 대상을 향한 자기의 욕망을 비운 자리이다. 욕망을 제어한 고고하고 완강한 자세를 견지함으로써 가질 수 있는 "청수"같은 눈으로 대상을 보는 경지이다. 꽃의 아름다움은 주검과 꽃을 슬퍼하는 자기의 감정을 걷어내는 자리에서 볼 수 있다. 시적 자아의 사적인 감정을 지양하고 꽃을 독립된 하나의 대상으로 볼 때 꽃 자체의 고유한 아름다움을 환기할 수 있는 것이다.

"노경"은 "혼신의 역량"으로 자연을 속이는 것이 아니라 기법을 망각하고 완전히 "자연스런 자세"가 되는 것이다. 주체 중심의 원리가 작동되는 기법으로 대상을 표상하는 것이 아니라, 자기 자신을 멸각하고 대상을 표상할 때 시인은 "도약"할 수 있다. 이를 정지용은 "우수한 전통"과 연관시킨다. 정지용에게 "우수한 전통"이란 "노경"의 경지에서 현현되는 대상의 아름다움을 말하는 미적 태도가 발디딘 곳이다. 이는 구체적으로는 주객의 구분이 무화되는 순간에 발생하는 정경교융의 의경미를 추구하던 이물관물의 전통적인 관물 태도이다. 상고미를 지향하던 『문장』의 대표적 논자인 정지용이 과거의 눈으로 현재를 보는 것이다.[152] 이러한 미적 태도가 잘 드러나는 것이 주로 『백록담』에 실린 시편들이었다.

---

151) 정지용, 「시의 옹호」, 『정지용 전집-산문』, 민음사, 2003. pp.245-246.
152) 차승기, 『반근대적 상상력의 임계들』, 푸른역사, 2009. p.149.

담장이/물 들고,//

다람쥐 꼬리/숯이 짙다.//

山脈우의/가을ㅅ길ㅡ//

이마바르히/해도 향그롭어//

지팽이/자진 마짐//

흰들이/우놋다//.

白樺 홀홀/허울 벗고,//

꽃 옆에 자고/이는 구름,//

바람에/아시우다.

ㅡ 정지용, 〈毘盧峯2〉 전문

골에 하늘이/따로 트이고,//

瀑布 소리 하잔히/봄우뢰를 울다.//

날가지 겹겹이/모란꽃닢 포기이는듯.//

자위 돌아 사폿 질ㅅ듯/위태로히 솟은 봉오리들.//

골이 속 속 접히어 들어/이내(晴嵐)가 새포롬 서그러거리는 숫도
림.//

꽃가루 묻힌양 날러올라/나래 떠는 해.//

보랏빛 해ㅅ살리/幅지어 빗겨 걸치이매,//

기슭에 藥草들의/소란한 呼吸!//

들새도 날러들지 않고/신비가 한끗 저자 선 한낮.//

물도 젖여지지 않어/흰돌 우에 따로 구르고,//

닥어 스미는 향기에/길초마다 옷깃이 매워라.//

귀또리도/흠식 한양//

옴짓/아니 긘다.

ㅡ 정지용, 〈玉流洞〉 전문

시적 대상들은 중심으로 동일화되는 것이 아니라 개별화되며 표상
된다. 대상들의 풍경에 중심점이 없다. 대상들은 원근감으로 서열화
되지 않고 병치, 열거된다. 대상은 시적 자아와 그리고 다른 대상과

각각 일정한 거리를 두고 탈원근법적으로 표상된다. 대상과 시적 자아 사이가 보는 것과 보이는 수직적 관계로 위계화되지 않는다. 대상과 대상 또는 주체와 주체의 대등한 입장에서 서로에게 작용한다. 이때 대상들은 스스로 의미를 생성하는 자율적 존재다. 〈毘盧峯2〉의 '담장이, 다람쥐 꼬리, 길, 흰들, 백화, 구름'은 각각 독립성을 유지하며 스스로 의미를 생성한다. 대상들이 시적 자아의 주관적 해석으로 의미화되는, 즉 시적 자아에 종속된 사물이 아니라 스스로 자신의 의미를 생성하며 경물이 된다. 〈玉流洞〉의 풍경을 이루는 '골, 하늘, 봉오리, 이내, 해, 약초, 물' 등도 시적 자아의 가시성을 넘어 대상의 고유성을 말한다. 대상의 고유성은 시적 자아가 다 볼 수 없는 비가시적인 의미이며 부재로써 환기되는 것이다.

이때 대상들은 미시적인 관찰 위주로 표상된다. 거시적인 관찰에는 시적 자아가 중심을 차지하고 대상 전체를 규정하려는 욕망이 끼어들기 쉽기 때문이다. 정지용의 〈毘盧峯1〉은 비로봉을 소재로 하면서도 〈毘盧峯2〉와는 달리 거시적 관찰로 대상을 표상한다. "이곳은 肉體없는 寥寂한 饗宴場/이마에 시며드는 香料로운 滋養"란 구절에서 "이곳"의 풍경은 "향연장"과 "자양"이라는 선명한 의미로 귀결된다. "이곳"을 조망하는 거시적인 보기에, 전체의 의미를 정의하려는 주체의 주관성이 강하게 개입되기 때문이다. 그래서 대상들은 "肉體없는 寥寂한 饗宴場/이마에 시며드는 香料로운 滋養"라는 중심 의미에 종속된다. 대상의 의미들은 표면화되고 형상에 고착된다. 그러나 미시적인 관찰로 생성되는 〈毘盧峯2〉에 표상되는 대상들은 가시적인 범주를 넘어서 비가시적인 의미들을 함의하는 깊이를 지닌다. 시적 자아가 정확하게 규정할 수 없는 대상들의 고유 의미가 배후적인 것으로써 환기되는 것이다.

시적 자아가 탈주체적인 관찰자일때 대상과 대상 사이의 관계를 설명하는 시적 자아의 목소리는 소거된다. 그래서 대상과 대상 사이는 빈 공간, 즉 여백이 만들어진다. 여백은 정지용 시에서 대상들이 세밀하게 자기 자신을 내보여 주는 것이 아니라 우회적이고 간접적으로 자기를 현시하는 바탕이다.[153] 여백은 대상과 대상 사이가 분절되고 대상의 고유성이 강조되게 한다. 대상의 고유성이 강조될수록 대상의 의미는 표면화되는 것이 아니라 내재화된다. 대상의 의미가 형상 이상의 이면까지 드러내는 깊이를 획득하는 것이다.

시적 자아가 작품 안에 드러나는 경우엔 시적 자아가 풍경을 이루는 대상의 하나로 객관화되어 표상된다.

> 벌목정정 이랬거니 아람도리 큰솔이 베허짐즉도 하이 골이 울어 멩아리 소리 찌르렁 돌아옴즉도 하이 다람쥐도 좃지 않고 뫼ㅅ새도 울지 않어 깊은산 고요가 차라리 뼈를 저리우는데 눈과 밤이 조히 보담 희고녀! 달도 보름을 기달려 흰 뜻은 한밤 이골을 걸음이란 다? 웃절 중이 여섯판에 여섯번 지고 웃고 올라 간뒤 조찰히 늙은 사나히의 남긴 내음새를 줏는다? 시름은 바람도 일지 않는 고요에 심히 흔들리우노니 오오 견듸랸다 차고 兀然히 슬픔도 꿈도 없이 長壽山속 겨울 한밤내—
>
> — 정지용, 〈長壽山 1〉 전문

> 풀도 떨지 않는 돌산이오 돌도 한덩이로 열두골을 고비고비돌았 세라 찬 하눌이 골마다 따로 씨우었고 어름이 굳이 얼어 드딤돌이 믿음즉 하이 꿩이 긔고 곰이 밟은 자옥에 나의 발도 노히노니 물소리 꾀또리처럼 卽卽하놋다 피락 마락하는 해ㅅ살에 눈우에 눈이 가리어 앉다 흰시울 알에 흰시울이 눌리워 숨쉬는다 온산중 나려앉는 휙진 시울들이 다치지 안히! 나도 내더져 앉다 일즉이 진달레 꽃그림자에 붉었던 絶壁 보이한 자리 우에!
>
> — 정지용, 〈長壽山 2〉 전문

---

153) 김용희, 「정지용 시에서 자연의 미적 전유」,『현대문학의 연구』21, 한국문학연구학회, 2004. p.379.

시적 자아는 "장수산 속 겨울" 풍경을 이루는 하나의 대상으로 존재할 뿐이다. 장수산의 겨울 풍경을 자신의 내면으로 주관화시킬 수 있는 주체로서의 능력을 가지고 있지 않다. 시적 자아는 대상들을 "눈과 밤이 조히보담 희고녀!"라고 이야기할 수 있을 뿐이다. 그 이상의 의미들은 "걸음이란다?"라는 물음 자체로 환기된다. 달리말해서 정확하게 답할 수 없는 침묵으로 제시된다. 장수산 속 겨울 풍경은 시적 자아의 주관적 정서인 "슬픔도 꿈도 없이"로는 달 설명할 수 없는 의문을 가진 풍경이다. 시적 자아는 "발도 노히"는 "꿩", "곰"과 같은 대상으로 "나"를 "내던져" 놓는다. 시적 자아가 스스로를 대상화해 다른 대상들과 수평적인 관계를 맺는 것이다.

시적 자아는 장수산 속의 하나가 되어 시적 자아를 둘러싼 대상들을 본다. 대상들은 시적 자아가 볼 수 있는 것보다 더 큰 의미 영역을 가진 존재들이다. 그래서 대상들은 시적 자아가 정한 의미의 중심과 인과적으로 연결되어 정의되지 않는다. 시적 자아는 다만 대상들을 병치·열거할 뿐이다. 병치·열거는 정지용의 시에서 어떤 것으로도 환원 불가능한 대상의 이질성을 보존하고 대상의 고유한 속성들을 다른 대상의 고유한 속성을 통해 드러나게 한다.[154] '구성동' 풍경을 이루는 '流星, 누뤼, 꽃, 山그림자, 사슴'(〈구성동〉)과, 비 내리는 풍경을 이루는 '돌바람, 山새, 흰 물살, 붉은 닢 닢'(〈비〉)은 각각 독립성을 지키면서 다른 대상들의 고유성과 어긋나며 겹친다.[155] 그리고 시적 주체의 원근법적 시선으로는 드러낼 수 없었던 대상의 유일무이한 고유 의미가 생성된다. 이러한 대상의 고유 의미는 김광균의 시에서도 마찬가지이다.

154) 김신정, 「'미적인 것'의 이중성과 정지용의 시」, 김신정 외, 『정지용의 문학 세계연구』, 깊은샘, 2001. p.122.
155) 금동철은 정지용 시의 자연이 생명력이 위축되고 소멸되는 '두려움'과 '결핍'의 공간이라는 점에서 유가관이 반영된 이상태로서의 전통적 한시의 '자연'과는 다른 정지용 시만의 특징적 '자연'을 나타낸다고 말한다. 금동철, 「정지용 시 「백록담」에 나타난 자연의 의미」, 『우리말 글』 45, 2009. p.164.

明燈한 돌다리를 넘어
街路樹에는 유리빛 黃昏이 서려있고
鐵道에 흩어진 저녁 등불이
창백한 꽃다발같이 곱기도 하다.

꽃등처럼 울리는 작은 창밑에
밤은 새파란 거품을 뿜으며 끓어오르고
나는 銅像이 있는 廣場 앞에 쪼그리고
길 잃은 세피아의 파―란 눈동자를 들여다본다.
                              – 김광균, 〈街路樹〉

느러슨高層우에 서걱이는 갈대밧
열없는 標木되여 조으는街燈
소래도 없이 暮色에저저
열븐 베옷에 바람이 차다
마음 한구석에 버래가 운다

황혼을 쪼처 네거리에다름질치다
모자도 없이 廣場에 스다
                              – 김광균, 〈廣場〉

　　김광균 시는 황혼을 배경으로 하는 작품들이 다수이다. 저녁 무렵
은 대상의 나타남과 사라짐의 변화가 가장 큰 시간이다. 김광균 시의
풍경에는 황혼을 배경으로 사라져가는 '명증한 돌다리, 길 잃은 세피
아, 高層, 갈대밧'과 나타나는 '등불, 街燈'이 교차된다. "鐵道에 흩어진
저녁 등불이" "창백한 꽃다발"로 나타나는 것과 "街燈'이 열없는 標木
되여" "소래도 없이 暮色에" 물드는 것은 시적 자아의 의도가 아닌 대
상 그 자체에서 일어나는 일시적인 모습이다. 시적 자아는 일시적으
로 드러나는 대상 풍경 안에서, 하나의 대상이 되어 "모자도 없이 廣場
에 스다"이거나 "廣場 앞에 쪼그리고" 대상을 "들여다 본다." 이때 "광

장"에 표상된 대상들은 관습적인 기의에서 이탈하는 기표로 지시된다. 시적 자아가 동상 앞에 쪼그리고 있는 풍경과 모자도 없이 광장에 서 있는 풍경은 시적 자아에 의해 의미화되는 것이 아니라 다른 대상들과의 관계 맺기로 의미화된다. 즉 이러한 풍경은 '유리빛 黃昏, 鋪道위의 저녁 등불, 갈대밧, 街燈'로 의미화되며 동시에 시적 자아의 설명이 생략된 대상들 사이의 틈으로 그 의미가 개방된다. 이때 의미는 관습적인 의미를 이탈한다. 그래서 김광균 시의 언어는 의미 중심적이고 형이상학적인 것이 아니라 대상의 개별성을 확보해 주는 기호 중심의 언어에 가깝다.[156]

정지용과 김광균의 시들에는 이미지즘적으로 표상하는 대상과 탈원근법적으로 표상하는 대상이 혼재한다. 전자로 치우칠 경우에는 대상을 규정하는 주체의 주관이 시적 자아의 '눈'이나 '정서'에 반영된다. 이때 객관 표상되는 대상의 의미는 주체의 자리를 점유하는 시적 자아를 중심으로 확정되고 가시화된다. 따라서 대상의 의미들은 대상의 형상에 고착된다. 탈원근법적인 보기를 통해 대상을 표상할 때 정지용과 김광균 시는 '시적 자아와 대상' 또는 '대상과 대상'이 수평적 관계를 맺으며 대상의 고유성을 나타낸다. 이때 대상의 고유성은 시적 자아를 중심으로 하는 원근법적 보기 태도가 사장시킨 대상의 비가시적인 부분까지 환기함으로써 가능한 것이다. 이는 이물관물의 미적 태도를 바탕으로 한 것이다.

이물관물의 전통적인 관물 태도로 대상을 제시할때 정지용과 김광균 시는 객체화·사물화된 대상을 다시 주체화·경물화한다. 경물로서의 대상은 주체의 자기멸각을 통해 대상을 볼 때 발견되는 대상 특유의 새로움과 아름다움을 드러낸다. 주체 중심적인 근대의 원근법적 보기가 사장시켰던 대상의 자족성을 복원하는 것이다. 그래서 자기발견 또는 자기 표출에 치중하던 한국 현대시의 의미 영역을 타자의

---

156) 윤지영, 「무엇을 보고 어떻게 말하는가-시어 및 문채(文彩)」, 김학동 외, 『김광균 연구』, 국학자료원, 2002. p.225.

발견 또는 타자의 표출로까지 확대하는 것이다.[157] 이것이 정지용과 김광균 시의 새로움의 의의라 할 것이다. 그리고 정지용 김광균 시는 이미지즘적인 새로움이 전통적인 한국 시학의 미의식과 영향 관계에 있음을 말해준다. 그래서 이들의 시에 나타나는 경물은 한국 시의 미학이 시대를 넘어서 이후 한국 현대시의 한 줄기를 형성하는 매개가 되고 있음을 말해준다. 정지용과 김광균 시에 나타나는 경물들은 이후의 장에서 살펴볼 시인들에게서 좀 더 심화되고 개별화되어 나타난다.

---

157) 구모룡은 근대의식이 자아의 발견으로 과대 포장되면서 한국의 근대시는 타자를 향하여 열린 시야를 접고 자기표현이라는 협소한 공간으로 눈을 돌리게 되었다고 말한다. 이러한 과정에서 전근대적 조화의 미학을 자아 멸각이나 자아 억압으로 규정하고, 근대에 와서는 감상적 자아의 과장된 감상 분출마저 근대의식의 획득이라는 이름으로 미화했다는 것이다. 구모룡, 「시와 시선」, 최승호 편, 『21세기 문학의 동양시학적 모색』, 새미, 2001, p.166.

III. 경물 표상의 제 양상

1. 비중심적 경물과 백석 시

백석 시의 특징은 시적 자아의 의도나 감정이 드러나지 않는 객관적인 진술로 토속적인 시적 대상들을 그리는 것이다. 이를 두고 김기림은 "거의 철석의 냉담에 필적하는 불발한 정신을 가지고 대상에 마조 선다."[158]라고 평한다. 그리고 오장환은 "자긔의 감정이나 의견을 이야기하지 않는 …… 그것도 질서도 없이"[159] 라고 평한다. 전자와 같은 긍정적 평가든, 후자와 같은 부정적 평가든 백석 시에서 문제 삼는 것은 시적 진술의 객관성이다. 백석 시의 새로움은 우선 진술 태도에서 나타나는 것인데, 그것은 시적 자아의 대상에 대한 해석 욕구를 지양하는 것이었다. 그리고 내용면에서 이 새로움은 과거적, 지방적 또는 토속적인 것들을 시적 대상으로 삼는 데에서 기인한다. 백석 시는 형식면에서는 시적 자아의 이데올로기나 정서를 전달하는 것을 목적으로 하던 진술 방식과 대비되었다. 그리고 내용면에서는 근대 문명에 관련된 것, 도시적인 것을 문제 삼던 시들과는 구분됐다.

백석 시는 과거적, 토속적인 대상들을 객관적으로 묘사하는 시였다. 이는 백석 시가 당대에 팽배하던 근대 중심주의 욕망에서 벗어나고 있다는 것을 시사한다. 또한 새것을 지향하는 욕망을 지양하고 그 반대의 것을 관찰하는 시야를 백석 시가 가졌다는 것을 의미한다. 오산고보를 졸업하고 조선일보의 장학생으로 선발되어 동경으로 유학을 다녀온 근대 지식인임에도 불구하고 백석이 근대와의 대응 문제를 중심으로 삼지 않는다는 것은 의도적이고 의지적인 태도의 결과라 할 것이다. 즉 과거적인 것, 전통적인 것 지향은 근대 중심주의로부터 이

---

158) 김기림, 「사슴을 안고」, 조선일보, 1936. 1. 29.
159) 오장환, 「백석론」, 『풍림』 5, 풍림사, 1937. 4. p. 18.

탈하려는 의지를 바탕으로 한다고 볼 수 있다. 이러한 의지는 자기 감정의 절제를 통해 대상의 고유성을 환기하는 이물관물의 전통적 태도와 연결된다.[160) 백석 시의 시적 대상들은 자족성, 자율성을 지닌 경물이 된다. 백석 시에 나타난 경물은 하나의 우월한 중심으로 모아지는 것이 아니라 병치 열거 된다. 백석 시에 표상된 경물들의 풍경 자체에는 중심이 없거나 또는 경물들 각각이 모두 중심이 되는 특징을 보인다.

1) 변경을 보는 시적 자아

대상들을 바라보는 백석 시 시적 자아의 위치는 중심에서 가장 멀리 떨어진 변경이다. 변경이란 하나의 중심이 그 힘을 다하는 자리이며 동시에 다른 중심이 시작되는 경계지이다. 피식민지 지식인 작가이며 평안북도 정주라는 변방 출신인 백석에게 변경이란 그의 시에서 영토적인 의미를 넘어서는 의식의 문제이다.[161)

---

160) 1936년에 출간한 시집 ≪사슴≫에 실린 시들과 그리고 그 이후에 발표된 시 중에 백석 시의 특징을 가장 두드러지게 나타나는 시들은 대부분 객관적인 서술태도를 보인다. 본고는 이러한 성향의 백석 시들 중심으로 그의 시에 나타난 경물의 특징을 살펴보겠다. 1950년 이후 백석이 북한에서 창작한 것은 주로 동시와 아동 문학 비평 등이었다. 이때 아동시는 본고에서 말하는 이물관물의 관물 태도가 잘 드러나지 않음으로 본고에서는 논의의 대상으로 삼지 않는다.

161) 서울에 대한 백석의 인상을 단적으로 말해주는 다음의 자료는 백석 시의 시적 자아의 의식을 이해하는 데 참고할 만하다. 『여성』(3권 3호, 1938년)지의 설문에 백석이 답한 것으로 맹문재가 발굴해 『시평』(2009년 봄호)에 실은 자료이다.
　1. 맨 처음 서울에 오실 때에 어떤 차림을 하셨습니까?
　　– 꺼먼 고꾸라 중학생복을 입고 왔소.
　2. 서울에 내렸을 때의 첫인상은 어떠하시었습니까?
　　– 건건찝찔한 냄새가 나고 저녁때같이 서글픈 거리였소.
　3. 시골뜨기로 단연 첫 번 실수는 무엇이었습니까?
　　– 동무와 함께 차를 기다리다가 동무가 잠깐 어디간 짬에 차가 와서 차장 더러 또 하나 탈 사람이 오도록 기다려달라고 하다가 창피당하고

1930년대 경성은 일제 건축이 내뿜는 근대 속도와 기술의 위력이 맹위를 떨치던 곳이다.[162] 당대 최고의 근대 교육을 받은 지식인이었던 1930년대 시인들 대부분 또한 근대의 속도를 어떻게 따라잡을 것인가 하는 문제를 화두로 삼았다. 피식민지 도시의 지식인으로서 가장 앞서서 달리고 있다고 자부하던 한 시인의 "웨 미쳤다고들 그리는지 대체 우리는 남보다 수十年씩 떠러져도 마음놓고 지낼작정(作定)이냐."[163]라는 탄식은 근대의 속도를 어떻게 따라 잡을 것이며, 어떻게 하면 발목을 잡고 있는 옛것을 완전히 떼어내 버릴 것인가 하는 문제와의 고투 끝에 나온 것이었다. 근대 속도로의 몰입은 새것을 창출하기 위해 그것과 구분되는 옛것을 만들어낸다. 그리고 새것과 옛것을 위계화한다. 피식민지의 지식인은 옛 지식, 옛 풍속, 옛 제도 등을 분별해 이것을 가치 없는 것, 열등한 것의 범주로 설정하고 질타함으로써 그것과 구분되는 근대인으로서의 자신의 정체성을 확인하려 한다.[164]

그러나 백석은 근대인으로서의 정체성을 지향하지 않는다. 백석 시의 시적 자아는 변경의 언어와 대상을 향해 있다. 백석 시의 언어는 체험적 언어들로서 사실성과 구체성, 직접성과 현장성을 띠는 방언이다.[165] 이러한 방언으로 표상되는 대상들은 근대를 비교 기준으로 삼

면구하던 일이 있소.

162) 김소연·이동언, 「"오리엔탈리즘"의 해석으로 본 일제강점기 한국건축의 식민지 근대성」, 『대한건축학회논문집 계획계計劃系』198, 2005.4. p.109.
163) 이상, 「烏瞰圖作者의말」, 김주현 주해, 『이상문학전집 3』, 소명출판사, 2005. p.207.
164) 경성은 일상생활에서 근대성과 식민지성을 동시적으로 경험하며 살게 하는 이중적 경험 즉, 식민지 근대성의 한 특징을 대표하는 공간이었다. 근대적 문물을 이용하고 상품을 소비하며 알게 모르게 근대성을 익혀 가면서도 식민지 조선(경성)인들은 그러한 현실에 일정한 거리감을 가지는 '주변인적 부정의식'을 떨칠 수가 없었다. 따라서 조선인들의 근대 경험은 '당위와 현실의 이율배반적 경험'이라는 식민지적 근대를 경험하고 인식하게 된다. 김영근, 「일제하 식민지적 근대성의 한 특징」, 『사회와 역사』 57, 한국사회학회, 2002. pp.29-37.

지 않는다. 시적 자아는 변경 안에서 변경의 대상들을 본다. 즉 변경의 밖에서 변경의 대상들을 관찰하고 평가하려는 위치에 있지 않다. 변경 내에 자리하는 시적 자아의 특징은 백석 시에서 다음과 같이 나타난다.

山마루에 서면/멀리 언제나 늘 그물그물
그믈만 친 건넌산에서/벼락을 맞아 바윗돌이 되었다는
큰 땅괭이 한 마리/수염을 뻗치고 건너다보는 것이 무서웠다
— 〈山〉166)

산너머 십오리서 나무뒝치 차고 싸리신 신고 산비에 촉촉이 젖어서 약물을 받으려 오는 두멧아이들도 있다

아랫마을에서는 애기무당이 작두를 타며 굿을 하는 때가 많다
— 〈三防〉

넷말이 사는 컴컴한 고방의 쌀독 뒤에서 나는 저녁 끼때에 부르는 소리를 듣고도 못들은 척하였다
— 〈고방〉

시적 자아가 있는 "산마루"와 "고방의 쌀독 뒤"는 모두 경계의 자리이다. "산마루"는 산과 아랫마을의 경계로서 "벼락을 맞아 바윗돌이 되었다는/큰 땅괭이 한 마리/수염을 뻗치"는 초자연의 세계와 병을 치료할 수 있는 "약물"이 가능한 자연적인 세계가 만나는 지점이다. "고방의 쌀독 뒤"는 "넷말이 사는" 과거와 "저녁 끼때에 부르는 소리"를

---

165) 김영철, 『21세기 한국시의 지평』, 신구문화사, 2008.3. p.91.
166) 본고에서 백석 시는 이숭원·이지나 편의 『원본 백석 시집』(깊은샘, 2006) 과 김재용 편의 『백석 시집』(실천문학사, 2003)을 참조하며 고형진 편의 『정본 백석 시집』(문학동네, 2007)에서 인용하겠다. Ⅲ장 1절에서 백석 시를 인용할 때는 제목만을 명기하도록 한다.

동시에 접하는 자리이다. 이러한 경계의 자리는 백석 시에서 '산, 초자연, 주술, 어둠, 과거 세계'와 '인가, 자연, 과학, 낮, 현재 세계'가 만나는 자리로 변형 반복되어 나타난다. 시적 자아는 대비되는 두 세계 중어느 한쪽으로도 완전히 경사되지 않고 관찰자적인 태도를 취한다. 자연적 세계와는 "아랫/산너머"라는 거리를 초자연적 세계와는 "멀리"라는 거리를 유지하고 바라본다. 이러한 객관적 바라보기의 태도는 두 세계를 우열로 위계화하지 않는다. 두 세계에 속한 대상들의 관계 또한 대등적이다.

우열의 차이를 말한다는 것은 시적 자아의 목소리가 기준이 된다는 것을 의미한다. 시적 자아가 정한 기준으로 대상들이 위계화되고 의미화되는 것이다. 그런데 백석 시는 시적 자아의 목소리를 절제한다. 중심을 만들지 않는다. 따라서 표상된 대상들은 대등적인 관계로 이어지며 그 의미를 개방한다. 확산된다. 그래서 대상들이 자족성, 자율성을 가지며 스스로 의미를 생산하는 경물로서의 품격을 갖추게 된다. 이같이 경물로서의 대상을 표상하는 것은 백석 시의 시적 자아가 대상과 '멀리'라는 거리를 유지하는 것을 바탕으로 한다.

> 멀리 바다가 뵈이는/假停車場도 없는 벌판에서
> 車는 머물고 /젊은 새악시 둘이 나린다
>
> — 〈曠原〉

> 불을 끈 방안에 횃대의 하이얀 옷이 멀리 추울 것같이//
> 개方位로 말방울 소리가 들려온다
>
> — 〈머루밤〉

> 기왓골에 배암이 푸르스름히 빛난 달밤이 있었다
> 아이들은 쪽재피같이 먼 길을 돌았다
>
> — 〈旌門村〉

변경에 위치한 시적 자아가 '멀리'에서 바라보는 방식으로 표상하는 대상들의 풍경은 원근감이 나타나지 않는 평면적 풍경이다. 원인과 결과, 중심과 부심 같은 수직적 배치로부터 시적 대상들은 벗어나 있다. 시적 자아는 '먼'이라는 일정한 거리 밖에서 바라보는 대상들을 병치·열거할 뿐이다. "젊은 새악시 둘이 나리"는 이유나 그러한 것에서 기인하는 결과들을 인과론적으로 설명하지 않는다. 마찬가지로 "말방울 소리"가 나는, "아이들이 먼 길을 도"는 이유나 의미들이 전후의 상황과 연관되지 않는다. 대상들이 인과론적인 또는 원근법적인 연관성에서 벗어나 독립성을 유지한다. 그리고 대상들 제 각각 스스로가 의미들을 생성한다. 그러므로 대상들의 의미는 시적 자아가 정한 위계질서의 의미망으로 한정되지 않고 다양하게 확산 개방된다. "젊은 새악시 둘이 나린다", "개方位로 말방울 소리가 들려온다", "기왓골에 배암이 푸르스름히 빛난 달밤"의 기의는 기표와의 대응 관계를 지속해서 이탈한다. 이를 통해 형상 이상을 의미하는 비가시적인 의미 즉 언외지의를 생성한다.

　언외지의를 생성하는 시적 대상은 어둠 속에서 잠깐 동안의 '빛'에 의해 드러난다. 이때 대상을 비추는 빛은 시간적 공간적으로 한정된다. 가령 "저녁 소라방등이 불그레한 마당"(〈統營〉) 또는 "넷城의 돌담에 달"(〈흰밤〉)같은 빛이다. 이러한 빛에 의해 표상되는 대상은 '빛'이 지속되는 시간, 그리고 그것이 밝혀주는 부분이 한정적이라는 점에서 일시적이고 구체적인 모습이다. 그리고 대상의 선조적 관계는 '어둠'에 의해 분절된다.

　　山턱 원두막은 뷔엿나 불비치외롭다
　　헌겁심지에 아즈까리기름의 쪼는소리가들리는듯하다
　　잠자리조을든 문허진城터
　　반디불이난다 파란魂들같다
　　어데서말있는듯이 크다란山새한마리 어두운

골작이로 난다.

헐리다남은城門이
한울빛같이훤하다
날이밝으면 또 메기수염의늙은이가
청배를팔러 올것이다

- 〈定州城〉 전문

　자주닭이 울어서 술국을 끓이는 듯한 鰍湯 집의 부엌은 뜨수할
것같이 불이 뿌연히 밝다

　초롱이 히근하니 물지게꾼이 우물로 가며
　별 사이에 바라보는 그믐달은 눈물이 어리었다

　행길에는 선장 대여가는 장꾼들의 종이燈에 나귀눈이 빛났다
　어데서 서러웁게 木鐸을 뚜드리는 집이 있다

- 〈未明界〉 전문

　〈정주성〉의 "산턱 원두막"과 "문허진 성터" 그리고 "헐리다 남은 성
문"은 각각의 불빛에 서로 다르게 대응한다. 대상들 전체를 밝히는 빛
에 의해 전체 풍경이 획일적으로 밝혀지는 식이 아니다. 대상들 사이
는 어둠으로 가려져 있다. 〈미명계〉의 "鰍湯 집의 부엌"과 "물지게꾼"
과 "나귀 눈"은 불빛에 비춰지는 각각의 모습이 다른 대상과의 거리
를 유지한 채, 부분적이고 독립적인 모습으로 표상된다. 대상과 대상
사이가 어둠으로 분절되어 있기 때문이다.
　이러한 백석 시의 대상 풍경은 빛과 어둠, 낮과 밤의 경계지의 "뿌
연히 밝"은 '未明界'의 풍경이다. "반딧불", "그믐달", "종이등"의 빛으로
대상은 개별적이고 구체적으로 드러난다. 그리고 동시에 빛과 맞닿아
있는 어둠을 배후로 가진다. 그래서 대상들은 구체성과 추상성을 모

두 가진 것이 된다. "목탁을 두드리는", "청배를 팔러 오는" 구체적 행위는 그것과 관련되는 전후의 인과 관계가 어둠으로 지워져 있다. 때문에 행위의 구체성은 추상적인 의미를 내재한다. 그러므로 백석 시에 표상되는 대상들은 그것을 가시화하는 기표 배후에 아우라로 생성되는 언외지의를 가진다. 가령 "서러웁게 木鐸을 뚜드리는 집이 있다"나 "메기수염의늙은이가 청배를팔러 올것이다"라는 구절은 어둠에 의해 서로 분절돼 기표 너머로 의미를 개방, 확장한다. 따라서 의미를 생성하는 것은 시적 자아의 주관적 서술이 아니라 대상들 사이에 있는 어둠이다. 이때 어둠은 대상들의 구체적인 모습이 비어 있는 여백에 해당한다. 그러나 여백은 단순한 없음이 아니라 비가시적으로 존재하는 대상의 모습을 가진 없음이다.

백석 시에서 어둠은 대상과 대상의 관계를 함의한다. 어둠은 대상과 대상이 겹치는 부분이며 어긋나는 부분으로서의 경계 지역이다. 그리고 시적 자아의 목소리가 생략되어 있는 부분이다.[167] 시적 자아는 어둠으로 자신의 주관성을 소거하고 대상과 대상을 객관적으로 표상한다. 요컨대 백석 시는 시적 자아의 목소리를 어둠 속에 감추고 '멀리' 보이는 '미명계'를 객관적으로 표상한다. 〈모닥불〉은 백석 시의 이러한 풍경의 모습을 잘 보여주는 작품 중의 하나이다.

> 새끼오리도 헌신짝도 소똥도 갓신창도 개니빠디도 너울쪽도 짚
> 검불도 가락닢도 머리카락도 헝겊조각도 막대꼬치도 기왓장도 닭
> 의 짖도 개터럭도 타는 모닥불
> 재당도 초시도 門長 늙은이도 더부살이 아이도 새사위 갓사둔도
> 나그네도 주인도 할아버지도 손자도 붓장사도 땜쟁이도 큰 개도 강

---

167) 이숭원은 〈정주성〉에서 백석 시의 시적 자아는 표면에 드러나지 않는 중립적 시적 자아라 말하며, 대상의 외관을 묘사하여 이미지를 환기하는 이미지 중심의 객관 시가 대부분 중립적 시적 자아를 설정한다고 언급한다. 이숭원, 「백석 시에 나타난 자아와 대상의 관계」, 『한국시학연구』 19, 한국시학회, 2007.8. p.217.

아지도 모두 모닥불을 쪼인다.

　모닥불은 어려서 우리 할아버지가 어미 아비 없는 서러운 아이로
불상하니도 몽둥발이가 된 슬픈 력사가 있다
- 〈모닥불〉 전문

〈모닥불〉에서 "모닥불"은 대상들을 호명하는 역할을 한다. "모닥불"을 통해 대상들은 모습을 드러내고 의미화된다. 표상되는 대상들의 전후 관계는 보조사 '도'로만 제시된다. '도'로 이어지며 병치, 열거되는 대상들은 '모닥불에 타고 있다' 또는 '모닥불을 쪼이고 있다'라는 구절로 느슨하게 묶여져 있을 뿐이다. 따라서 오장환의 말처럼 질서도 없이 나열되어 있는 풍경[168]이 된다. 열거, 병치되는 대상과 대상 사이는 "모닥불" 빛으로 드러나지 않는 부분이다. 즉 대상과 대상은 어둠에 의해 분절되어 있다. 왜 함께인가? 왜 함께여야 하는가? 등의 인과적 의미를 설명하는 시적 자아의 목소리는 빠져 있다. 시적 자아의 목소리 대신 대상 사이의 어둠이 대상을 의미화한다. 대상들의 관계를 조율하는 외부의 힘 대신, 대상들 자체의 힘으로 대상들은 서로를 지시한다. 그러므로 대상들은 하나의 중심 의미를 향해 배치되지 않는다. 그 대신 대상 각각의 독자성은 어둠에 의해 부재로써 제시된다.

"모닥불"은 대상들의 의미를 최종적으로 확정하는 중심이 아니다. "모닥불"은 보조사 '도'로 대등적으로 이어지는 대상들이 서로 교차하는 통로 역할을 한다. "모닥불"은 시적 자아가 객관적으로 관찰하는 '눈'의 역할을 한다. "모닥불"에 의해 일시적으로 드러나는 것 자체만 표상된다. 대상들은 모닥불과 어둠의 경계에 있다. 대상은 모닥불 빛에 의해 즉자적으로 나타나고 그것의 의미는 어둠 너머로 유보된다. 때문에 백석 시의 대상 표상은 철저히 객관적이며 동시에 추상적이다. 이렇게 대상을 표상하는 방식은 주체로의 중심화 또는 동일화의 논리

---

168) 오장환, 「백석론」, 『풍림』 5, 풍림사, 1937.4. p.18.

를 거부하려는 백석의 의지 표명에 가깝다.169) 그러므로 백석 시의 시적 자아가 자신의 목소리를 감추는 것은 오랜 역사의 한 부분으로서의 자기를 확인하고 보존하는 것과 상관된다. 즉 지방적인 것, 오래된 것, 과거적인 것 등을 사장시키는 근대적 논리에서 벗어나 자기를 확인하는 것이다.170)

백석 시는 대상과 시적 자아 사이의 '멀리'라는 거리를 유지한다. 이때 거리는 시적 자아의 주관적 욕망을 제어하고 대상의 순수 아름다움을 나타나게 하는 미적 거리이다. 백석 시에는 시적 자아의 목소리를 전달하는 술어가 최소화된다. 대상에 덧붙여지는 술어는 대상의 본성과는 거리가 먼 비물체적인 것이다.171) 대상에 덧붙여지는 시적 자아의 목소리는 대상을 제시하는 시적 자아의 주관적 관념을 반영하고 있을 뿐이다. 백석 시는 시적 자아의 목소리 역할을 하는 술어를 통어하며 대상 자체에서 대상의 본의를 찾는다. 대상들의 자율적 관계에 의해 표상된 풍경은 시적 자아를 중심으로 배치된 풍경이 아니라, 중심이 소거된 풍경이라는 점에서 탈원근법적이다. 즉 시적 자아에 의해 인위적으로 형성되지 않고, 경물들과 수평적인 관계에 의해 표상된 풍경인 것이다.172)

---

169) 백석시의 열거식 병렬 구도의 의미에 대해 정효구는 다음과 같이 밝힌다. "백석은 개인의 주관적 감정이나 해석 내용을 드러내기보다 열거하듯 냉정하게 사실적으로 대상 그 자체를 묘사하는 것에 치중한다. 이런 것의 근저에는 그가 지닌 객관주의 정신이 깔려 있다." 정효구, 「백석의 삶과 문학」, 『백석』, 문학세계사, 1996, p.201.

170) 백석 시의 묘사성에 대해 김윤식은 백석 시는 허무의 늪을 건너기 위한 형식으로 정확한 풍물 묘사와 그 풍물에 이야기를 걸게끔 하게 하는 이야기체를 발견한 것이라고 말한다. 또한 풍물묘사의 정확성이란 묘사자의 외로움의 심도에 비례하는 것이라고 말한다. 이때의 외로움은 변경인으로서의 외로움이며, 근대 지향이라는 큰 흐름과는 동떨어진 자리에 서 있는 존재로서 자기를 보존하려는 외로움이라 말할 수 있을 것이다. 김윤식, 「백석론-허무의 늪 건너기」, 고형진 편, 『백석』, 새미, 1996. p.218.

171) 들뢰즈, 이정우 역, 『의미의 논리』, 한길, 1999. p.49.

172) 김정수, 「백석 시의 아날로지적 상응 연구」, 『국어국문학』144, 국어국문학회, 2006.12. p.354.

백석 시의 시적 자아는 중심으로부터 가장 '멀리' 떨어진 변경의 대상들을 지향한다. 이때 대상들은 독립적으로 표상된다. 대상과 대상 사이가 어둠에 의해 분절되는 풍경이다. 따라서 대상 각각의 독립성이 강조된다. 이는 대상과의 미적 거리를 통해 대상의 본성을 찾으려는 태도가 바탕이 된다. 시적 자아의 목소리가 최대한 지양되며, 이것이 백석 시가 표상하는 대상들의 풍경에서 중심점을 소거시킨다.

2) 긍정의 태도

근대 철학의 주체 중심적 사유는 주체와 객체를 이분법적인 틀로 나눈다. 주체는 자신의 견해를 기준으로 객체를 설명한다. 이때 객체는 근대라는 새로운 중심 앞으로 호명돼 자신의 옛것을 주체화한다.[173] 근대의 호명에 응하는 주체는 필연적으로 그것을 호명한 것과 좁혀지지 않는 우열의 거리감을 가질 수밖에 없다. 특히 식민지를 경험한 주체가 그러한 경우이다. 제국 근대를 통해 전해지는 근대의 부름에 응하는 피식민지 주체가 우열을 극복하는 방식 중의 하나는 전통적인 것으로서의 자기를 부정하는 것이다. 과거와의 절연을 통해 새로운 주체로 자기를 정립하는 것이다. 또 하나의 방식은 자기를 절대적 존재로 내세우는 것이다. 추상적 수준에서 발굴해 낸 과거의 담론을 절대시하고 이를 근거로 자기를 내세우려한다. 자기를 절대적 존재로 내세우는 것은 비교될 수 있는 타자를 필요로 한다. 1930년대 피식민지 조선 시인들이 가진 자의식은 대부분 이 두 가지 범주 안에서 대동소이하게 설명될 수 있다. 두 방식은 모두 제국 근대와 자기를 비교하는 의식을 바탕으로 한다는 점에서 공통된다.

백석 시의 새로움은 근대와의 비교의식으로부터 자유롭다는 데에서 기인한다. 백석 시의 시적 자아는 근대의 호명에 응하지 않는다.

---

173) 알튀세르, 『아미엥에서의 주장』, 솔출판사, 1991. p.115.

백석 시는 근대를 부정하거나, 또는 긍정하는 어느 한쪽도 아니다. 백석 시는 근대를 논외로 삼고 그것과 전혀 다른 별개의 장을 말한다.

백석 시는 자아의 목소리를 절제하는 방식으로 동일화의 계열선에서 대상들을 탈주시킨다. 그래서 주체 중심의 동일화 원리로는 포착하지 못하는 대상들의 고유성을 나타낸다. 주체 중심의 바라보기로는 다 보지 못하는, 또는 다 설명하지 못하는 대상의 실재를 표상한다. 따라서 백석의 시 쓰기는 근대의 언어, 근대의 담론에 의해 쉽사리 포착되지 않는 것에 대한 글쓰기이다.[174] 이러한 백석 시의 특징은 백석 시의 슬픔은 '현대문명의 타고난 성격의 하나인 〈스피드〉'[175]를 따라잡지 못하는 데에서 오는 것이 아니라, 원래 있던 것을 상실한 것으로부터 오는 것을 말하는 것으로부터 시작된다.

> 아득한 날에 나는 떠났다
> 부여를 숙신을 발해를 여진을 요를 금을
> 흥안령을 음산을 아무우르를 숭가리를
> 범과 사슴과 너구리를 배반하고
> 송어와 메기와 개구리를 속이고 나는 떠났다
>
> 나는 그때
> 자작나무와 이깔나무와 슬퍼하든 것을 기억한다
> 갈대와 장풍의 붙드든 말도 잊지 않았다
> 오로촌이 멧돌을 잡어 나를 잔치에 보내든 것도
> 쏠론이 십릿길을 따러나와 울든 것도 잊지 않았다
> 나는 그때
> 아모 이기지 못할 슬픔도 시름도 없이
> 다만 게을리 먼 앞대로 떠나 나왔다

---

174) 서준섭, 「한국 근대 시인과 탈식민주의적 글쓰기:한용운, 임화, 김기림, 백석의 경우를 중심으로」, 『한국시학연구』 13, 한국시학회, 2005.8. p.37.
175) 김기림, 「시의 모더니티」, 『김기림 전집2』, 심설당, 1988. p.81.

그리하여 따사한 햇귀에서 하이얀 옷을 입고 매끄러운 밥을 먹고 단샘을 마시고 낮잠을 잤다

　밤에는 먼 개소리에 놀라나고

　아츰에는 지나가는 사람마다에게 절을 하면서도

　나는 나의 부끄러움을 알지 못했다

　그동안 돌비는 깨어지고 많은 은금보화는 땅에 묻히고 가마귀도 긴 족보를 이루었는데

　이리하야 또한 아득한 새 넷날이 비롯하는 때

　이제는 참으로 이기지 못할 슬픔과 시름에 쫓겨

　나는 나의 넷 한울로 땅으로―나의 胎盤으로 돌아왔으나

　이미 해는 늙고 달은 파리하고 바람은 미치고 보래구름만 혼자 넋 없이 떠도는데

　아, 나의 조상은 형제는 일가친척은 정다운 이웃은 그리운 것은 사랑하는 것은 우러르는 것은 자랑은 나의 힘은 없다 바람과 물과 세월과 같이 지나가고 없다

　　　　　　　　　　　　　　　　　　　― 〈北方에서─鄭玄雄에게〉 전문

　"아득한 날"은 '부여/숙신'등의 인간 세계와 '범/사슴/너구리'등의 비인간 세계가 어울려 있는 세계이다. 그리고 서로 '와/과'로 대등적인 관계를 맺고 각각의 고유성을 유지하며 자족의 세계를 유지하는 곳으로서의 "나"의 "胎盤"이다. '아득한 날'을 떠난다는 것은 "태반"을 떠나는 것이다. 달리 말해 자연의 상태에서 문명의 상태로 진입하는 성장이다. 이러한 성장이란 문명의 의미를 획득하는 과정이다. 문명의 의미는 자연과 문화의 경계면에서 발생하는 것으로서 성장하는 존재가 진입한 문화장에서 주도하는 인과적 질서로 계열화되며 생성된다.176)

---

176) 질 들뢰즈, 『의미의 논리』, 한길, 1999. p.26.

이때 의미는 일정한 문화의 장이 만들어 낸 표면적이고 부차적인 것이다. 대상의 고유성 또는 순수성은 표면화되지 않고 내재해 존재한다.

근대의 문화장이 배열한 질서 또는 근대 언어의 주체 중심적인 질서를 벗어나는 '말'이 백석의 "갈대와 장풍의 붙드든 말"이다. 백석의 언어는 "자작나무와 이깔나무와 슬퍼하든 것"을 주술과 미개로 치부하는 문명화의 선상에서 이탈한다. 백석 시의 슬픔은 근대의 속도를 따라잡지 못해서가 아니다. 사랑하는 것, 우러르는 것, 힘인 것으로서의 나의 "옛"을 상실해서 이다. 백석 시에서 절망은 "흰 저고리에 붉은 길동을 달어/검정치마에 받쳐입은 것은/나의 꼭 하나 즐거운 꿈"(〈絶望〉)을 상실한 서러움이다.

이러한 백석 시의 슬픔은 곧 "긴 족보"를 이루는 '나'의 줄기를 복원하고 그것을 통해 현재의 '나'의 실재를 찾으려는 의지로 이어진다. 백석 시의 자아는 자기를 부정하는 것이 아니라 자기와 그것의 줄기를 긍정하는 존재이다. 백석 시에는 "긴 족보"를 더듬어가는 계보적 상상력이 잘 드러난다. 계보적 상상력이란 지금은 상실된 "나의 힘"인 "나의 조상"을 다시 복원하는 상상력으로서, 이는 근대로 동일화되지 않는 '城門 밖의 거리'(〈城外〉)에 의미를 부여하는 상상력이다. 성외의 지역은 근대의 위계적 질서로 정돈되지 않는 지역이다. 식민지 도시의 외곽에 나타나는 식민지 근대의 소외 지역이다.[177] 성외의 지역은 자연의 상태로 남아 있는 지역으로서 근대적 주체 중심의 언어로는 설명이 불가해한 지역이다. 백석 시가 표상하는 성외의 대상들의 특징을 잘 드러내는 시가 다음이다.

이즉하니 물기에 누굿이 젖은 왕구새자리에서 저녁상을 받은 가
슴 앓는 사람은 참치회를 먹지 못하고 눈물겨웠다

---

177) 박승희, 「백석 시에 나타난 축제의 재현과 그 의미」, 『한국 사상과 문화』 36, 한국사상
문화학회, 2007. p.126.

어득한 기슭의 행길에 얼굴이 해쓱한 처녀가 새벽달같이

아 아즈내인데 病人은 미역 냄새 나는 덧문을 닫고 버러지같이 누

웠다

— 〈柿崎의 바다〉

무명필에 이름을 써서 백지 달어서 구신간시렁의 당즈깨에 넣어

대감님께 수영을 들였다는 가즈랑집 할머니

언제나 병을 앓을 때면

신장님 달련이라고 하는 가즈랑집 할머니

구신의 딸이라고 생각하면 슬퍼졌다

— 〈가즈랑집〉

 백석 시는 "病人"에게 무엇이 부족한지를, 또는 무엇이 결여되어서 병이 발생했는지를 말하지 않는다. 원인을 알 수 없기에 그 치유의 방법을 정확히 알 수 없는 병이다. 백석 시의 병은 근대 의학의 해부학적 시선으로는 설명할 수 없는 병이다. 해부학적 시선은 인간의 인체 구조를 기계적으로 파악함으로써, 비밀 없이 낱낱이 질병의 원인을 가시화하는 것을 목적으로 한다.[178] "신장님 달련"과 "구신의 딸"이라는 것은 해부학적 시선으로는 결코 가시화될 수 없는 병이다. 근대적 해부학적 논리에서는 병다운 병이 아니다. 그것은 단순히 신비하거나, 마술적인 문명 이전의 세계에 속하는 범주로서 치부되는 것이다. 백석 시는 '신장님'과 '구신'이라는 근거 없음의 영역으로 치부되던 것들을 전경화한다. "미역오리같이 말라서 굴껍질처럼 말없이 사랑하다 죽는(〈統營〉)" "수절과부 하나가 목을 매여 죽은 밤(〈흰밤〉)"이 되게 하는 '병'에 "애기무당이 작두를 타며 굿(〈山地〉)"을 하는 초자연적 세계를 대응시킨다. 백석 시의 병은 근대 과학의 해부학적 시선을 탈주해야 비로소 포착 가능하다. 백석 시는 육체적 감각을 통해서 기억과

---

178) 윤사순, 「유학의 자연철학」, 한국사상연구회 편, 『조선 유학의 자연 철학』, 예문서원, 1998. p.50.

논리의 중심으로부터 멀리 떨어진 변경에 해당하는 '성외'의 풍경을
포착한다.

> 명태(明太) 창난젓에 고추무거리에 막칼질한 무이를 비벼 익힌
> 것을
> 이 투박한 북관을 한없이 끼밀고 있노라면
> 쓸쓸하니 무릎은 꿇어진다
>
> 시큼한 배척한 퀴퀴한 이 내음새 속에
> 나는 가느슥히 女眞의 살내음새를 맡는다
>
> 얼긋한 비릿한 구릿한 이 맛 속에선
> 까마득히 新羅 백성의 鄕愁도 맛본다
>
>   - 〈北關〉
>
> 門을 연다 머루빛 밤한울에
> 송이버슷의 내음새가 났다
>
>   - 〈머루밤〉
>
> 七星 고기라는 고기의 쩜벙쩜벙 뛰노는 소리가
> 쨋쨋하니 들려오는 湖水까지는
> 들쭉이 한불 새까마니 익어가는 망연한 벌판을 지나가야 한다
>
>   - 〈咸南道安〉

"여진", "신라 백성", "송이버섯", "칠성 고기"는 현재의 공간에서 상
실된 것이다. 현재란 근대의 세련됨과 비교되는 것들이 "투박한" 것으
로 치부되고 사장되는 곳이다. '여진/신라백성/송이버섯/칠성고기'같
은 성외, 즉 변경은 근대의 호명으로 주체화되지 않는다. 백석 시의
시적 자아는 근대의 부름에 응하지 않는 성외의 풍경을 "내음새", "맛",
"소리"를 통해서 인식한다. 미각, 후각, 청각 같은 육체적 감각을 통해

갑작스럽고 우연히 과거의 것을 경험한다. 그것은 경험한 후에 느낄 수 있다는 점에서 사후적(事後的)이다.[179)]

"내음새", "맛", "소리"로 가능한 사후적 경험은 시적 자아를 문명화, 근대화의 인과적 여정에 따라 성장시키는 것과는 거리가 멀다. 성외로서의 "북관"은 거북한 "옛" 냄새를 지우고 먹기 좋은 모양으로 깔끔한 접시에 담겨 나오는 모던한 '레스토랑'의 음식에 비해서 "투박한" 것에 불과하다. 그러나 백석 시에서는 본연의 자기를 확인하는 통로가 된다. 근대의 세련됨을 수입해 기준으로 삼는 성내의 경성인에게는 투박하게 보일 뿐인 "북관"은 그러나 단순한 북쪽 변경이 아니다. 백석 시에서의 "북관"은 쓸쓸함의 이유를 알고 그것을 극복하게 하는 장소가 된다. 세련된 시선을 좇아 "투박"함을 버리는 것이 아니라, "시큼한 배척한 퀴퀴한" 냄새와 "얼큰한 비릿한 구릿한" 맛 속에 나의 진짜를 찾는 길이 있음을 "가느슥히" 확인하는 것이다. 자기를 확인하고 긍정하는 데서 오는 충족감은 〈동뇨부〉에서도 잘 나타난다.

봄철날 한종일내 노곤하니 벌불 장난을 한 날 밤이면 으레히 싸개동당을 지나는데 잘망하니 누워싸는 오줌이 넓적다리를 흐르는 따끈따끈한 맛 자리에 펑하니 괴이는 척척한 맛

첫녀름 이른 저녁을 해치우고 인간들이 모두 터앞에 나와서 물외포기 당포기에 오줌을 주는 때 터앞에 밭마당에 샛길에 떠도는 오줌의 매캐한 재릿한 내음새

긴긴 겨울밤 인간들이 모두 한잠이 들은 재밤중에 나 혼자 일어나서 머리맡 쥐발 같은 새끼오강에 한없이 누는 잘 매럽던 오줌의 사르릉 쪼로록 하는 소리

---

179) 들뢰즈에 따르면 사후적 경험은 현재 속에 잠재된 상태로 지속되던 순수 과거를 경험하는 것이다. 질 들뢰즈, 김상환 역, 『차이와 반복』, 민음사, 2004. pp.194-195.

그리고 또 엄매의 말엔 내가 아직 굳은 밥을 모르던 때 살갗 퍼
런 막내고무가 잘도 받어 세수를 하였다는 내 오줌빛은 이슬같이
샛말갛기도 샛맑았다는 것이다

〈童尿賦〉 전문

'내 오줌'의 "넓적다리를 흐르는 따끈따끈한 맛'"과 "재릿한 내음새",
"사르릉 쪼로록 하는 소리"를 통해 불러오는 "오줌빛은 이슬같이 샛말
갛기도 샛맑"다는 충족감은 기억으로써 가능한 것이 아니다. 그것은
"내가 아직 굳은 밥을 모르던 때"의 기억을 넘어선 유구한 시간이 축
적된 세계이다. 그리고 '내' 안에 잠재되어 있던 과거가 본능적인 감각
을 통해 느낀 '맛, 소리, 냄새'에 호응되어 현현한 것이다. '내'가 오줌
의 맛과 소리, 냄새를 통해 떠올리는 과거란 기억 이전의 세계이다.
따라서 현재에서는 가능하지 않은 것들이 병치되고 혼용된다. 〈동뇨
부〉에 표상된 대상들은 하나의 중심 의미로 모아지는 것이 아니라 시
공간을 넘어 병치된다. 대상들 각각이 모두 중심으로서 대등하다. 그
러므로 백석 시의 풍경은 시작과 끝이 없는 풍경이다. 백석 시에서 대
상의 실재란 하나의 중심을 위주로 배열되는 풍경으로 표상되지 않는
다. 대상의 실재는 '여진, 신라, 오랑캐, 나'가 모두 중심이며, 서로 적
용하면서 상호 관계를 맺는 것으로 나타난다.

3) 유구한 대상 표상

백석 시에서 과거는 현재에 내재해 있다. 백석 시의 현재는 과거가
내재해 있는 긴 시간의 한 부분이 가시화된 것이다. 현재의 실재는 눈
앞에 지금 나타나는 당대의 조류에 있는 것이 아니라 그것을 지금에
이르게 한 유구한 시간의 과정 자체에 있다. 백석 시가 과거를 말하는
것은 단순히 과거로의 퇴행의식에서 발로한 것이 아니라 현재의 의미
를 해석하고자 하는 의지의 소산이다.[180] 백석 시의 '잃어버린 낙원에

대한 복원 의지'[181]와 '평화로웠던 삶을 구가했던 고향으로의 회귀 의지'[182]로서의 과거 표상은 근대 제국주의의 논리로 동일화되는 피식민지 조선의 현재를 논외로 하고, 그것과 별개로서의 현재를 나타내려는 자세이다. 이러한 특징은 백석 시에서 현재로 이어지는 옛것을 주목하는 데에서 두드러지게 나타난다.

> 명절날 나는 엄매 아배 따라 우리집 개는 나를 따라 진할머니 진할아버지가 있는 큰집으로 가면
>
>   (중략)
>
> 이 그득히들 할머니 할아버지가 있는 안간에들 모여서 방안에서는 새옷의 내음새가 나고
>
> 또 인절미 송구떡 콩가루차떡의 내음새도 나고 끼때의 두부와 콩나물을 뽂은 잔디와 고사리와 도야지비계는 모두 선득선득하니 찬 것들이다
>
>   - 〈여우난골族〉

> 그리고 다 다인 약을 하이얀 약사발에 받어놓은 것은
>
> 아득하니 깜하얀 萬年 넷적이 들은 듯한데
>
> 나는 두 손으로 고이 약그릇을 들고 이 약을 내인 넷사람들을 생각하노라면

180) 이와 관련해 장도준은 "백석 시의 유년시절은 회귀하고자 하는 욕망이 고착되어 있거나 감상적 퇴행을 보여주는 것이 아니라 대상에 대해 일정한 심리적 거리를 유지하면서 엄격하게 객관화를 지향하고 있기 때문에 퇴행적이지 않다. 이는 정지용 시 〈향수〉와는 달리 어른의 냉정한 현실 투시안과 어린이의 순수한 동심을 함께 포용하는 독특한 발상법에서 기인한다." 라고 말한다. 장도준, 「한국 현대시의 시적 주체 분열에 대한 연구-김기림, 이상, 백석의 시를 중심으로」, 『배달말』 31, 배달말학회, 2002.12. p.262.
181) 유종호, 「시원 회귀와 회상의 시학-백석의 시세계1」, 『다시 읽는 한국 시인』, 문학동네, 2002. p.257.
182) 김은자, 「생명의 시학-백석 시에 나타난 동물 상징을 중심으로」, 고형진 편, 『백석』, 새미, 1996. p.294.

내 마음은 끝없이 고요하고 또 맑아진다

- 〈湯藥〉

어쩐지 당홍치마 노란저고리 입은 새악시들이
웃고 살을 것만 같은 마을이다

- 〈固城街道-南行詩抄3〉

넷날엔 統制使가 있었다는 낡은 港口으 처녀들에겐 넷날이 가지
않은 千姬라는 이름이 많다
미역오리같이 말라서 굴껍질처럼 말없이 사랑하다 죽는다는
이 千姬의 하나를 나는 어늬 오랜 客主집의 생선 가시가 있는 마
루방에서 만났다
저문 六月의 바닷가에선 조개도 울을 저녁 소라방등이 불그레한
마당에 김냄새 나는 비가 나렸다

- 〈統營〉

　백석 시의 시적 자아는 "명절"의 풍속같이 시간의 흐름에도 변하지
않고 유구하게 계속되어 온 것들을 표상한다. 백석 시에서 명절은 일
가친척을 결합시키는 시·공간으로서 평상시의 '세속·분리·노동'에
서 '탈속·결합·유희'로 인간 존재의 의식을 전환시키는 역할을 한
다.[183] 명절과 같이 유구한 대상인 '고사리와 도야지비계/약탕/당홍치
마 노란저고리'는 새로운 것으로는 불가능한 "끝없이 고요하고 또 맑
아지는" 자기를 확인하는 통로이다. 그러므로 시적 자아는 유구하게
이어져 내려오는 대상을 통해서 "웃고 살것만 같은" 자족감을 느낀다.
유구함과의 절연은 새로운 시대의 세련된 주체가 되기 위한 필수조건
이었다. 그렇지만 그것은 근대와의 비교에서 오는 자괴감과 서러움의
질곡에 빠져들게 만든다. 시적 자아는 유구함을 표상하는 것으로 피

---

183) 정유화, 「음식기호의 매개적 기능과 의미 작용: 백석론」, 『어문연구』 134,
　　한국어문교육연구회, 2007년 여름. p.277.

식민지인이 가지는 서러움과 자괴감의 질곡을 벗어난다. 백석 시에서
는 사랑 또한 "미역오리같이 말라서 굴껍질처럼 말없이" 굳어가는 유
구함의 결과이다. "千姬"가 시적 자아에게 의미가 있는 것은 "넷날이
가지 않"은 존재로서 긴 시간의 줄기에 이어져 있기 때문이다.

이러한 유구함에 대한 자각은 백석 시에서 "내 뜻이며 힘으로, 나를
이끌어 가는 것이 힘든 일"이며 나를 결정하는 것은 오랜 시간을 견뎌
낸 "굳고 정한 갈매나무"(〈南新義州柳洞朴時逢方〉)라는 것으로 구체화
된다. 백석 시의 시적 자아는 유구한 시간에서 하나의 부분에 불과하
다. 중요한 것은 장구한 흐름 그 자체이다. 그러므로 백석 시는 근대
의 질서에 어떻게 대응하느냐와 관련된 현재의 문제보다 유구한 세월
이 축적된 대상 자체를 보고 표상하는 것이다.

백석 시에서 유구한 것을 구체화하는 것은 계보적 상상력이다. 계
보적 상상력은 유구함을 구체화하며, 이를 통해 현재의 실재가 나타나
게 하는 백석 시의 방법론이라 할 수 있다. 백석 시의 계보적 상상력
은 주로 혈연의 계보를 중심으로 나타난다.[184] 계보적 상상력이 심화,
확대될수록 백석 시는 근원적이고 총체적인 세계에 가까운 것을 말하
게 된다.

> 내 손자의 손자와 손자와 나와 할아버지와 할아버지의 할아버지
> 와 할아버지의 할아버지의 할아버지와 …… 水原白氏 定州白村의
> 힘세고 꿋꿋하나 어질고 정 많은 호랑이 같은 곰 같은 소 같은 피
> 의 비 같은 밤 같은 달 같은 슬픔을 담는 것 아 슬픔을 담는 것
>
> － 〈木具〉

---

184) 백석 시의 계보적 상상력은 남성 위주의 가족 관계를 전제하고 있다는 점
에서는 가부장적이다. 이런 점에서는 백석 시에 남성과 여성의 위계 관계
가 나타난다고 볼 수 있다. 또는 남성이라는 중심을 설정하고 있다고도 볼
수 있다. 그러나 본고에서는 백석 시의 대상들이 표상되는 방식 자체를 주
목하기로 하겠다. 즉 계보적 상상력으로 말해지는 대상들이 나열 병치되어
진술되는 것을 우선 살펴보겠다. 그리고 계보적 상상력에 관련된 좀 더 심
도 있는 논의는 연구과제로 남겨놓는다.

어쩐지 香山 부처님이 가깝웁다는 거린데
국숫집에서는 농짝같은 도야지를 잡아걸고 국수에 치는 도야지
고기는 돗바늘 같은 털이 드문드문 백였다
나는 이 털도 안 뽑은 고기를 시꺼먼 맨모밀 국수에 얹어서 한입
에 꿀꺽 삼키는 사람들을 바라보며
나는 문득 가슴에 뜨끈한 것을 느끼며
小獸林王을 생각한다 廣開土大王을 생각한다
                                        - 〈北新-西行詩抄2〉

수박씨 호박씨는 입에 넣는 마음은
참으로 철없고 어리석고 게으른 마음이나
이것은 또 참으로 밝고 그윽하고 깊고 무거운 마음이라
이 마음 안에 아득하니 오랜 세월이 아득하니 오랜 지혜가 또 아
득하니 오랜 人情이 깃들인 것이다
泰山의 구름도 黃河의 물도 옛님군의 땅과 나무의 덕도 이 마음
안에 아득하니 뵈이는 것이다
                                        - 〈수박씨, 호박씨〉

'손자-나-할아버지'로 이어지는 계보적 상상력이 가 닿는 것은
"목구"라는 대상이다. "목구"는 "水原白氏 定州白村"의 인간세계와 '호랑
이, 곰, 소'가 경계 없이 혼융되어 담겨 있는 대상이다. 그것은 "피"이
면서 동시에 "비"인 또는 "밤"과 "달"이 "같은"이라는 통로를 통해 막힘
없이 소통되는 대상이다. 백석 시에서 "목구"에 담겨 있는 슬픔은 서
로의 연대를 확인하는 징후다. "털도 안 뽑은 고기를 시꺼먼 맨모밀
국수에 얹어서 한입에 꿀꺽 삼키는", "수박씨 호박씨는 입에 넣는" 행
위를 통해 시적 자아는 "小獸林王""廣開土大王"과의 이어짐을 확인한
다. 그것이 부분의 독립성을 유지하면서 동시에 소외된 존재 없이 모
두가 연대하는 틀을 형성한다. 나를 통해 대상를 말하는 동시에 대상
를 통해 나를 말하는 상호적 관계가 백석 시에 표상된다. 그래서 '목구

/수박씨 호박씨/국수'가 표상되는 풍경에서 시적 자아가 "참으로 밝고 그윽하고 깊고 무거운" 그리고 "뜨끈한" 충족감을 느낀다.

백석 시에서 계보적 상상력은 영토적, 인종적 경계를 무화하는 탈영토적인 대상들의 풍경으로도 나타난다. '주체/타자, 열등/우등, 문명/야만'이라는 위계적 질서가 해체된 대상들의 풍경이다. 모든 것은 서로 대등하게 막힘없이 통용되며 그것을 통해 대상의 실재가 드러난다. 이때 시적 자아는 어느 하나의 중심을 설정하는 주체로서의 역할을 하는 것이 아니라 대상 모두와 일정한 거리를 유지하고 관찰하는 역할을 한다. 그래서 주체와 타자의 이분법적 구도의 경계를 허물고, 시적 자아의 눈에 보이지 않는 범주에 있는 것까지 표상한다. 이때 대상 풍경은 '상위문화/하위문화, 도시어/지방어, 문명/야만, 식민지/피식민지'식의 위계적 관계를 넘어선 제 삼의 공간에 위치한 '혼성성'의 풍경이다.185) 기존의 중심 대신 새로운 중심으로 재질서화하고 재영토화하는 것이 아니라, 탈질서화 탈영토화하는 풍경이다. 즉 이분법적 위계질서 자체에서 탈주하는 것이다.186) 다음 시는 이러한 특징을 잘 드러내는 작품이다.

---

185) 호미바바는 피식민지 문화의 특수성을 '제3의 공간'으로 설명한다. 그것은 안정된 상징계로 표상될 수 없는 '은밀한 불안정성'의 공간으로서, 문화적 혼성성에 의해 탈영토화된 공간이다. 혼성성은 식민지대 피식민지라는 강요되는 위계질서를 통한 지배관계를 역전시키는 것이다. 그것은 식민지 권력의 모방적이고 나르시즘적인 요구를 해체하고, 그 동일화 과정을 전복의 전략 속에 재 연루시켜서 권력의 시선 위에 피차별자의 응시를 되돌려 주는 것이다. 따라서 혼성성은 서구문화를 수용하는 동시에 그에 포함된 권력관계를 역전시켜 주체적으로 문화적으로 제 삼의 공간을 생성한다. 호미바바, 나병철 역,『문화의 위치』, 소명출판, 2002. pp.92-93/pp.226-230 참조.
186) 임화는 일본에 대응하기 위해, 일본과 서구의 차이를 발견하고 그 차이를 위계로 환원함으로써, 일본과 조선을 같이 변방에 위치한다. 결국 이러한 태도는 진리와는 먼, 주체 중심으로 정형화되고 추상화된 일본과 조선을 말하는 형국이 된다. 채호석,「탈─식민의 거울, 임화」,『한국학연구』17, 고대한국학연구소, 2002 하반기, pp.81-82.

나는 支那사람들과 같이 목욕을 한다
무슨 殷이며 商이며 越이며 하는 나라 사람들의 후손들과 같이
한물통 안에 들어 목욕을 한다
서로 나라가 다른 사람인데
다들 쪽 발가벗고 같이 물에 몸을 녹이고 있는 것은
대대로 조상도 서로 모르고 말도 제가끔 틀리고 먹고 입는 것도
모도 다른데
이렇게 발가들 벗고 한물에 몸을 씻는 것은
생각하면 쓸쓸한 일이다
이 딴 나라 사람들이 모두 모두 니마들이 번번하니 넓고 눈은 컴
컴하니 흐리고
그리고 길줏한 다리에 모두 민숭민숭하니 다리털이 없는 것이
이것이 왜 나는 자꼬 슬퍼지는 것일까
그런데 저기 나무판장에 반쯤 나가 누워서
나주볕을 한없이 바라보며 혼자 무엇을 즐기는 듯한 목이 긴 사
람은
陶淵明은 저러한 사람이였을 것이고
또 여기 더운물에 뛰어들며
무슨 물새처럼 악악 소리를 지르는 삐삐 파리한 사람은
揚子라는 사람은 아모래도 이와 같았을 것만 같다
나는 시방 옛날 晉이라는 나라나 衛라는 나라에 와서
내가 좋아하는 사람들을 만나는 것만 같다
이리하야 어쩐지 내 마음은 갑자기 반가워지나
그러나 나는 조금 무섭고 외로워진다
그런데 참으로 그 殷이며 商이며 越이며 衛며 晉이며 하는 나라
사람들의 이 후손들은
얼마나 마음이 한가하고 게으른가
더운물에 몸을 불키거나 때를 밀거나 하는 것도 잊어버리고
제 배꼽을 들여다보거나 남의 낯을 쳐다보거나 하는 것인데
이러면서 그 무슨 제비의 춤이라는 燕巢湯이 맛도 있는 것과

제1부 한국 현대시의 '경물' 연구 ▌ *97*

또 어늬바루 새악시가 곱기도 한 것 같은 것을 생각하는 것일 것
인데
　　나는 이렇게 한가하고 게으르고 그러면서 목숨이라든가 人生이
라든가 하는 것을 정말 사랑할 줄 아는
　　그 오래고 깊은 마음들이 참으로 좋고 우러러진다
　　그러나 나라가 서로 다른 사람들이
　　글쎄 어린 아이들도 아닌데 쪽 발가벗고 있는 것은
　　어쩐지 조금 우수웁기도 하다

－〈澡堂에서〉 전문

　　백석 시에는 "같이"한다는 공동체적 의식이 잘 드러난다. 이때 공동
체를 구성하는 대상들은 '와/과'로 서로 대등적으로 이어지며 관계한
다. '와/과'의 대등적인 관계로 대상들이 "같이"하는 공동체는 대상들
각각의 독립과 유대가 모두 가능한 충족의 세계이다. 백석 시가 이러
한 세계를 표상할 수 있는 것은 "支那"사람들의 실재를 현재에서가 아
니라 "殷이며 商이며 越며 衛며 晉이며"와 이어지는 연대기적 시간
의 흐름에서 찾기 때문이다. "나주볕을 한없이 바라보며 혼자 무엇을
즐기는 듯"하는 행위를, "더운물에 뛰어들며 무슨 물새처럼 악악 소리
를 지르는" 행위를 교양 없는 야만의 범주로 보지 않는다. 그 속에 "陶
淵明"과 "揚子"라는 유구함이 내재돼 있음을 본다. 따라서 백석 시는
"지나"를 근대인의 눈으로 차등화시켜 교화와 동일화의 대상으로 보는
것이 아니라, "오래고 깊은 마음"을 지닌 대상들로 본다. 조선인 대부
분의 작가들이 "지나"인에 대해 가지고 있던 유사 제국주의자로서의
모습과는 달리 타자 존중의 태도를 백석 시의 시적 자아는 가진다.[187]
　　백석 시의 계보적 상상력은 "조상도 서로 모르고 말도 제가끔 틀리
고 먹고 입는 것도 모도 다른데"도 불구하고 그것을 뛰어넘어 유대감

---

187) 신주철, 「백석의 만주 체류기 작품에 드러난 가치 지향」, 『국제어문』 42집, 국제
　　어문학회, 2009.4. p.266.

을 형성하는 탈영토적 풍경으로서의 "燕巢湯" "어늬바루 새악시"를 표상한다. 탈영토적 풍경은 백석 시가 묘사하는 풍경에서 가장 특징적인 것 중의 하나로 빈번하게 나타난다. 그것은 "흰밥과 가재미와 나는 우리들이 같이 있으면"(〈膳友辭〉)이며, "杜甫나 李白 같은 이 나라의 詩人"(〈杜甫나 李白같이〉)과 "'프랑시쓰 쨈'과 陶淵明과 '라이널 마리아 릴케'"(〈흰 바람 벽이 있어〉)와 공통 분모로 유대감을 가지는 풍경이다. 백석 시의 탈영토적 풍경은 계보적 상상력에 의해 나타나는 풍경으로서 장구한 시간이 집적된 풍경이다. 백석 시의 시적 자아는 이러한 풍경을 갑작스러운 자각을 통해 경험한다. 그리고 이는 '그런데/그러나'라는 접속사를 계기로 자주 나타난다.

가령 "그런데 또 이즈막하야 어늬 사이엔가"(〈흰 바람 벽이 있어〉), "그런데 저기 나무판장에 반쯤 나가 누워서"(〈澡堂에서〉), "그러나 잠시 뒤에 나는 고개를 들어"(〈南新義州柳洞朴時逢方〉), "눈이 오는데"(〈湯藥〉), "무겁기도 할 집이 한 채 안기었는데"(〈넘언집 범 같은 노큰머니〉) 같은 경우이다. 시적 자아가 갑작스러운 자각을 통해 경험하는 대상은 유구한 시간을 집적한 것으로서의 아우라를 가진다. 아우라는 세계와 자아가 분리되지 않았던 황금시대에 대한 동경과, 근대에 들어서는 그러한 시대가 끝나버렸으며 다시는 회복할 수 없다는 절망을 동시에 품고 있는 인간에게서 나타난다.[188] 유구한 것을 상실한 현재에 대한 시적 자아의 절망과 그 와중에서 기억 이전부터 시작된 계보를 집적한 대상에 대한 자각은 여운을 가진 대상을 표상하게 한다.

백석 시에서 나타나는 아우라를 가진 시적 대상은 도구적인 사물이 아니라 그것 자체가 목적이 되는 경물이다. 근대의 속도에 응하는 한국 현대시의 시적 대상 대부분은 과거를 지양하고 새로운 세계를 향한 눈으로 포착한 것이다. 대상들은 불명료한 과거와의 연속성이 차단된 채 과학적, 수학적 수치로 위계화되어 나타나는 도구적 대상이

---

188) 소래섭, 「백석 시와 음식의 아우라」, 『한국근대문학연구』, 한국근대문학회, 2007.10. p.288.

다. 도구로서의 대상이란 근대 주체의 원근법적 바라보기에 의해 완전히 그 실재가 낱낱이 밝혀져야 하는 객체이다. 따라서 대상을 표상하는 기표 너머의 여운, 즉 언외지의란 가능하지 않다. 가능한 것은 주체로서의 시인의 목소리와 그러한 목소리에 응하는 타자, 즉 도구로서의 대상일 뿐이다. 그런데 백석 시는 이러한 시적 대상의 속성에서 벗어나 대상의 경물성을 복원시킨다. 이는 백석 시가 시적 자아의 목소리를 통어하는 객관적 관찰의 자세를 바탕으로 대상의 고유성을 드러내려고 하기 때문에 가능한 것이었다. 대상의 고유성은 유구한 줄기의 한 징표이며, 그것은 어떤 주체로서의 존재가 말하는 선명한 의미의 테두리로 모아지는 것이 아니라 그 너머로 심화, 확산되는 것이다. 유구한 대상의 고유성은 언외지의로서의 아우라로 나타난다.[189] 백석 시 자아의 보기 태도는 근대적 가치관을 전파하는 "리과 책"의 부름에 응하지 않고 "커서 구렁이가 되"는 "지렁이"(〈나와 지렁이〉)를 보고 싶어하는 태도이다. "마을 끝 蟲王廟에 蟲王"과 "土神廟에 土神도 찾아뵈려 가는"(〈歸農〉) 자세이다. 이러한 바라보기를 통해 '게으름과 한가함'이 단순히 근대의 속도에 뒤떨어진 투박한 것으로서가 아니라 유구한 시간이 집적돼 있는 대상의 고유성을 드러내는 것으로서 나타난다.

---

189) 백석 시의 경물이 유구한 기억이 축적된 대상에서 풍기는 아우라를 가지고 있다는 점에서, 일제 식민지 시대 강제 이주된 CIS지역 고려인들의 시문학에 나타나는 특징과 연계된다. 장사선에 따르면 CIS지역 고려인들의 시는 역사의 이름으로 억압되지 않는 기억을 복원시키는 데에서 발생하는 아우라를 가진다. 그것은 기억과 관련하여 '망자의 추모', '송덕의 기능', '기억 공동체의 장소'로 항목화된다.(장사선, 「고려인 시에 나타난 아우라」, 『한국현대문학연구』 17, 한국현대문학회, 2005.6. p.278.) 이는 근대화 과정에서 사물화가 되었던 한국 현대시의 시적 대상이, 재외 동포들의 시에서는 사물화되기 전의 경물로서 표상되고 있음을 시사하는 것이라 할 수 있다.

2. 무의지적 경물과 박용래 시

박용래 시는 체언과 체언이 서술어의 조정 작용 없이 직접 연결된다. 경물이 다른 경물을 지시하는 체언 병치식의 진술은 경물 스스로 의미를 생성하는 시적 진술 방식이다.[190] 이때 시적 자아의 개입은 최소화된다. 박용래 시는 현실 문제에 유용한 답을 찾는 의도로 대상을 의미화하는 것으로부터 이탈한다. 현실 문제에 대한 의지를 무화하고, 현실의 논리를 기준으로 하는 유·무용의 경계를 넘어 대상을 표상한다. 이는 박용래 시의 시적 자아가 무관심적인 보기로 대상을 표상하는 것과 관련된다.

외부의 개입 없이 대상을 그 자체로만 관조하는 무관심적인 보기는 대상과 일정한 미적 거리를 유지한다.[191] 이를 통해 무관심적인 보기는 시적 자아의 의도에 의해 훼손되지 않는 시적 대상의 순순한 아름다움을 발견하려한다. 이때 시적 자아는 소요(逍遙)하는 존재이다. 소요는 현실의 합목적 의식을 지양해 무의지의 자유를 지향하는 태도이다.

박용래 시는 시적 자아의 목소리를 제어함으로써 체언과 체언 사이의 빈 공간을 마련한다. 빈 공간은 외물 등에 의해 그 마음이 지배받지 않는 정신이 자유롭게 노니는 공간이다.[192] 빈 공간은 시적 자아가 무목적, 무의지적인 자유로운 의식으로 경물의 의미를 생성하는 지점이다. 시적 자아는 빈 공간을 소요하며 경물을 보고 표상한다. 소요는 시적 자아가 자기 중심의 논리로 유용과 무용을 판단하는 것을 멈추고 경물 그 자체에게서 용도를 구하게 한다.[193] 그래서 경물을 둘러싸

---

190) 박용래의 시는 초기시에서 후기시로 갈수록 정서를 이입한 시들이 많아진다. 그렇지만 객관적인 서술태도로 대상을 묘사하는 것은 박용래 시의 전반에 걸쳐 두드러진 특징이다.

191) 김광명, 「칸트미학에서의 무관심성과 한국미의 특성」, 『칸트연구』 13, 한국칸트학회, 2004.6. p.16.

192) 조민화, 『중국철학과 예술정신』, 예문서원, 1997. p.222.

고 있는 표피를 걷어내고 그것의 실재를 나타나게 한다. 이때 표상되는 경물들은 대부분 현실의 이해득실의 논리에서는 무용한 것들이다.

박용래 시의 특징은 '아슴한' 거리를 일정하게 유지하고 경물을 바라보는 관찰자의 자리를 시적 자아가 유지할 때 잘 나타난다. 이때 박용래 시는 경물들을 포괄하는 전체 풍경을 생략하고, 부분이 전체를 환기한다. 전체는 경물의 부분을 둘러싼 시적 자아의 침묵을 통해서 생성된다. 경물의 의미를 설명하는, 그리고 경물과 경물의 관계 양상을 설명하는 말을 비워놓은 것이다. 그래서 박용래 시의 종결부분은 의미의 재확산 또는 의미의 재개방으로 이어진다. 그러면서 경물들의 의미가 부분성을 넘어서 인간의 보편적인 심층을 향해 무한해진다.

1) 원경을 보는 시적 자아

박용래 시는 시적 대상들이 병치·열거되어 표상된다. 대상과 대상들이 시적 자아의 개입 없이 직접적으로 관계한다. 시적 자아는 일정한 거리를 두고 대상들을 객관적으로 표상할 뿐이다. 대상들은 시적 자아와 일정한 거리를 유지하며 원경으로 표상된다. 대상들은 '먼/너머'라는 거리를 두고 탈원근법적으로 표상된다. '먼/너머'의 거리는 대상에 대한 시적 자아의 직접적 해석을 제어하는 바탕이다. '먼/너머'는 "사물을 구태여 해석하려 하지 않는다. 다만 언제까지나 조용히 응시할 뿐"[194] 시적 대상과 거리를 두려는 박용래의 시작 태도가 실제 시 창작에 관련되고 있음을 말해준다.[195] 시적 자아와 대상 간의 거리를

---

193) 서복관, 권덕주 역, 『중국예술정신』, 동문선, 1990. p.97.
194) 박용래, 『우리 물빛 사랑이 풀꽃으로 피어나면』, 문학세계사, 1985. p.123.
195) 사물과 거리를 두려는 박용래의 객관적 시 쓰기 태도는 다음과 같은 그의 글에서도 잘 나타난다. "정말 진짜 시를 쓰고 싶다. 언어를 망각하고 싶다."(박용래, 「나의 시, 나의 메모」, 『우리 물빛 사랑이 풀꽃으로 피어나면』, 문학세계사, 1985. p.99.)와 "허나 시인이여 비판하지 말자."(박용래, 「유리컵 속의 양파」, 『우리 물빛 사랑이 풀꽃으로 피어나면』, 문학세계사, 1985.

나타내는 '먼/너머'는 박용래 시에서 다음과 같이 빈번하게 나타난다.

발목을 벗고 물을 건너는 먼 마을   - 〈겨울밤〉196)

오늘의 아픔/아픔의/먼 바다에   - 〈먼 바다〉

먼 오디빛 忘却   - 〈散 見〉

눈이 온다 눈이 온다/담 너머 두세두세
마당가 마당개/담 너머로 컹컹   - 〈첫눈〉

노을이 잠긴 국말이집 너머 歲月, 앉은뱅이 꽃.//
언덕 하나 사이 두고 언덕, 징검다리뿐이더라.   - 〈夫餘〉

시적 자아는 '먼' 또는 '너머'라는 일정한 거리를 두고 대상들을 바라
본다. 이때 거리는 시간적인 거리이거나 또는 공간적인 거리이다. 그
거리는 일정한 간격을 유지한다. '먼/너머'라는 거리는 시적 자아와 대
상 사이의 빈 공간을 만든다. 이는 시적 자아가 대상에 대한 말을 생
략하기 때문에 가능하다. 시적 자아의 침묵이 대상과 시적 자아 사이

---

p.144.) 같은 경우이다. 박용래에게 "진짜 시"란 대상 앞에서 그것을 해석
하고, 비판하는 자신의 목소리를 강하게 드러내는 것이 아니다. "진짜 시"
란 사물과 거리를 두고 그것을 조용히 "응시"해 "언어를 망각"한 침묵의 언
어로 "꽝꽝나무 같은 단단한 의미" 즉, "꽝꽝나무"라는 대상의 본질에 다
가서는 시이다. "해석하지 않고" "비판하지 말고" 사물을 "조용히 응시하는"
태도란 대상으로서의 삶의 양태를 거리를 두고 바라보는 태도이다. 삶의
양태를 변화시키려는 태도이기보다는 무심의 경지로서 외부의 개입 없이
삶을 그 자체로만 온전히 바라보려는 태도이며 그것을 통해 대상의 근원
에 다가서려는 태도이다.
196) 본고에서 박용래 시는 창작과 비평사에서 출간된 『박용래 전집』(1984)에서
인용한다. Ⅲ장 2절에서 박용래 시를 인용할 때에는 작품 제목만 명기한다.

의 빈 공간을 만들어 놓는 것이다.[197] 하지만 빈 공간이 곧 아무 의미 없음을 의미하는 것은 아니다. 침묵은 시적 대상을 바라보는 시적 자아의 눈이 무한으로 확장되면서 소거되는 은유로서 기능한다.[198] 따라서 침묵의 빈 공간은 시적 자아의 주관적 목소리를 지양하는 것은 물론이고, 보는 자로서의 시선 권력도 지양한다. 그래서 시적 자아와 대상의 관계는 수평적, 상호적 관계가 된다. 이때 대상의 고유한 속성은 비가시적으로 표상하는, 즉 부재의 현전(現前)으로 나타난다.[199]

시적 자아와 대상 사이의 '먼/너머'라는 거리, 즉 빈 공간으로 '마을/바다/오디 빛망각/눈이 온다/앉은뱅이 꽃' 등은 형상 이상의 의미를 환기한다. 이때 의미의 주체는 대상 그 자체이다. 시적 대상과 맞닿아 있는 빈 공간으로 시적 대상 스스로가 의미를 생성한다. 시적 자아는 대상에 대해 침묵한다. 그래서 '마을/바다/오디 빛망각/눈이 온다/앉은뱅이 꽃'의 의미는 시적 자아의 가시적 범주로 확정되는 것이 아니라 무한으로 개방된다. 이때 대상의 의미를 개방하는 것은 대상 그 자체가 된다.

박용래 시의 시적 대상은 '먼/거리'만큼의 빈 공간 밖에서 원경으로 표상된다. 특히 시적 자아가 집중해서 바라보는 대상을 표상할 때 그 양상이 더욱 두드러진다. '마을/바다/앉은뱅이꽃/눈'은 '먼/너머'라는 거리 밖에서 표상된다. 그래서 '마을/바다/앉은뱅이꽃/눈'은 '먼/너머'

---

197) 이와 관련해 최승호는 박용래 시의 침묵(여백)이 민주적 관계를 형성하게 해 부분과 부분이 독립성을 지니게 하며 또한 행과 행, 연과 연 사이에 존재하는 여백은 인과적 기계적으로 나열하는 근대적 삶에 대한 미학적 대응으로서의 역할을 한다고 말한다. 최승호, 「박용래론: 근원의식과 제유의 수사학」, 『우리말 글』20, 2000.12. pp.413-414.

198) Susan Sontac, "The Aesthetics of Silence" in Twentieth Century Criticism, ed. William J. Handy & Max Westbrook, New Deihi: Light & Life Publishers, 1974. p.461.

199) 동양 예술에서 여백은 단순한 공무(空無)가 아니라, 그 속은 비어있지만 만물을 생성하는 원기가 계속 나온다는 '허이불구(虛而不屈)'을 바탕으로, 상외(象外)의 상(象), 경외(景外)의 경(景)을 추구하는 동양적 미의식을 바탕으로 한다. 조민화, 『중국철학과 예술정신』, 예문서원, 1997. p.149.

만큼의 빈 공간에 맞닿아 있는 풍경이 된다. 빈 공간으로 '마을 아닌 마을', '바다 아닌 바다', '눈 아닌 눈', '앉은뱅이 꽃 아닌 앉은뱅이 꽃'이라는 관습적으로 정의되기 이전의 의미가 환기된다.[200] 시적 자아가 침묵하는 빈 공간을 통해 대상은 스스로를 채우고 말한다. 그러므로 박용래 시의 시적 대상은 자율성을 갖게 된다.[201] 거리 밖 대상세계의 모습은 박용래 시에서 '아슴한' 이라는 시어로 자주 표현된다.

梧桐꽃 우러르면 함부로 怒한 일 뉘우쳐진다.

잊었던 무덤 생각난다.

검정 치마, 흰 저고리, 옆가르마, 젊어 죽은 鴻來누이

생각도 난다.

梧桐꽃 우러르면 담장에 떠는 아슴한 대낮.

발등에 지는 더디고 느린 遠雷.

– 〈담장〉전문

어두컴컴한 부엌에서 새어 나오는 불빛이여 늦은 저녁

床 치우는 달그락 소리여 비우고 씻는 그릇 소리여

---

200) 유평근은 유한 속에 무한을 담아 그 둘의 대립을 초월하는 것이 모순어법, 즉 옥시모론이며, 이는 『육조단경』의 '무'가 공과 색이라는 이분법적 관념적 대립을 초월해 적대적멸에 이르는 것이라고 말한다. 그리고 이러한 이중성이 시인의 조건이고 아름다움의 조건이 된다. 유평근, 「옥시모론 연구 – 「악의 꽃」과 「육조 단경」의 경우」, 『외국문학』, 1986 봄호, pp.287-290.

201) 시적 자아의 입장을 최대한 객관화한 박용래의 시어를 이은봉은 사물언어라 말한다. 그리고 이 연장선상에서 박몽구는 사물언어가 박용래 시 전체의 일관된 양상이고 시어의 사용면에서 가장 큰 특징이며, 박용래의 시가 회화성이 짙은 시가 되게 하는 이유라고 말한다.(이은봉, 「박용래 시 연구 – 시적방법과 시 세계를 중심으로」, 『한남어문』(7.8호 합병호), 한남대학 국어국문학회, 1982, p.78/박몽구, 「고향상실과 회복에의 욕망-박용래 시와 욕망의 구조」, 『현대문학이론연구』 30, 현대문학이론학회, 2007.4. pp.113-117을 참조) 그런데 한국 현대시에서 '사물'은 다분히 주체로서의 시적 자아에 의해 대상화, 객체화된 시적 대상을 지칭하는 용어로 사용된다. 따라서 '사물'은 한국 현대시에서 자율적, 능동적으로 표상되고 의미화되는 시적 대상을 가리키는 용어로 적합지 않다.

어디선가 가랑잎 지는 소리여 밤이여 섦은 蓋이여

어두컴컴한 부엌에서 새어 나오는 아슴한 불빛이여.
─〈三冬〉 전문

박용래 시의 풍경은 '먼' 곳에 보이는 "아슴한" 것으로 표상된다. 보일 듯 말 듯 제시되는 풍경은 어떤 부분들만을 강조한다. 그래서 풍경의 대상들은 분절적이고 탈원근법적이다. 〈담장〉의 "무덤", "鴻來누이", 〈三冬〉의 "그릇 소리", "가랑잎 지는 소리", "섦은 蓋" 등은 "아슴한"이라는 일정한 거리를 두고 분절되어 표상된다. 표상된 대상들은 "아슴한" 대낮의 "遠雷"으로, "아슴한 불빛"으로 의미화된다. 대상이 다른 대상에 의해 의미화되는 것이다. 그래서 의미는 아득해진다. 대상의 의미를 아득하게 환기시키는 것은 시간적·공간적 거리감이다. 박용래 시에는 "오동꽃 우러르면 담장에 떠는" 현재에서 "생각난다"라는 과거까지의 시간적 거리감, 그리고 "床치우는 달그락 소리"와 "가랑잎 지는 소리" 사이의 공간적 거리감이 나타난다. 이때의 거리감은 일정한 간격을 유지한다. 즉 일정한 시간적, 심리적, 공간적 거리감으로 대상들이 표상된다. 시적 자아와 대상 사이의 일정한 시·공의 거리가 대상과 대상 사이에 여백을 만든다. 그리고 여백을 통해 대상들의 의미는 "아슴"해진다. 즉 대상의 의미가 형상 이상으로 확대된다.

객관적으로 대상을 묘사할 경우 시어의 의미는 장면과 장면 사이 혹은 형상들 사이에서 만들어지며, 시의 의미는 부분적인 형상들로 구성된 전체로서의 풍경에 도움을 입어 형상 밖에서 생성되는 '언외지의'를 성취한다.[202] 가령 박용래 시 〈먼곳〉에서 "살구꽃이 지다"는 "어디선가 징치는 소리"에 공간적 거리감을 사이에 두고 대응된다. 〈참매미〉에서 "어디선가/원목 켜는 소리/석양에 원목 켜는 소리"는 "어디선

---

202) 김문주, 「풍경에 반영된 동·서의 관점─정지용과 조지훈 시의 형상을 중심으로」, 『우리어문연구』 25집, 우리어문학회, 2005. p.102.

가"라는 시적 자아와 대상 사이의 거리를 두고 표상된다. "살구꽃이
지다"와 "원목켜는 소리"같은 대상들이 부분으로서 전체를 환기시킨
다. 그러므로 대상들은 전체 풍경을 나타내기 위한 하나의 도구가 아
니다. 그 자체가 목적이 된다. 대상이 작용의 주체인 것이다. 대상이
능동성을 지닐 때 그것은 다른 대상들과의 직접적인 접촉을 통해 의
미를 자율적으로 생성한다. '먼'이라는 객관적 거리를 통해 표상되는
대상은 시적 자아의 눈에 확정적으로 드러나기보다는 스스로 생성·
소멸한다. 이러한 점은 박용래 시에서 낮과 밤이 교차하는 시간의 경
계 지점인 '저물녘'의 시간대에서 자주 표상된다.

> 누굴 기다리는 것일까.
> 솔밭에 번지는
> 喪家의/불빛.
>
> — 〈물기 머금은 풍경 1〉

> 지렁이 울음에//
> 비스듬 문살에//
> 반딧불 달자.
>
> — 〈저물녘〉

> 바닥에 지는 햇무리의
> 下官/線上에서 운다
> 첫기러기떼.
>
> — 〈下官〉

　'저물녘'에 표상되는 대상들은 어둠 속으로 사라지기 직전에 보이는
것이다. 출몰의 경계선이 '저물녘'인 것이다. 출몰의 경계선에서 대상
들은 '반딧불/불빛/햇무리'에 의해 더욱 선명해진다. '솔밭/지렁이 울
음/문살/첫기러기'는 빛에 의해 선명하게 표상되면서 동시에 "햇무리

의 하관"을 따라 소멸된다. 빛을 따라 시적 자아의 시선이 옮겨지고, 이때 대상은 빛이 비추는 만큼으로 한정되어 부분적으로 표상된다. 빛이 비추는 이외의 부분은 어둠으로 가려져 있는 형태이다. "솔밭에 번지는/喪家의/불빛"이 비추지 않는 곳은 기표화되지 않는다. 그러므로 "솔밭", "상가", "누굴 기다리는 것일까"는 분절된다. 빛과 어둠이 교차되는 과정에서 대상은 일정한 개념에 매이지 않는다.[203] 빛과 어둠의 교차는 부재와 현존의 교차로 이어진다.

박용래 시에서 어둠은 시적 자아의 목소리가 생략된 지점이다. 그러므로 여백으로 남아 있는 공간이다. 박용래 시의 시적 대상은 이러한 여백과 맞물리며 병치된다. 박용래 시에는 '대상-여백-대상-여백'의 구조가 순환 반복된다. 다음의 〈울안〉은 이러한 특징을 잘 보여주는 박용래 시들 중의 하나이다.

> 탱자울에 스치는 새떼
> 기왓골에 마른 풀
> 놋대야의 진눈깨비
> 일찍 횃대에 오른 레그호온
> 이웃집 아이 불러들이는 소리
> 해 지기 전 불 켠 울안.
>
> — 〈울안〉 전문

'새떼/마른 풀/진눈깨비/레그호온'은 "해 지기 전"에 표상된 대상들이다. 해지기 전 대상들은 또 다른 대상인 "불 켠 울안"으로 종결된다. 하지만 "불 켠 울안"이 다른 대상들의 의미를 확정하는 중심 역할을 하는 것은 아니다. 불 켜진 울안의 모습이 어떤 것인지 가시화되지 않는다. 하나의 체언이 다른 체언을 지시하는 일련의 과정에서 "불 켠 울안"은 교차하는 통로로 기능한다. "울안"에 불이 켜지는 때는 해지

---

203) 문현주, 「박용래 시 연구」, 이화여대 대학원 석사학위논문, 1994. p.73.

기 전 대상들의 최종적인 모습이 각인되는 순간이며 동시에 그것들이 소멸되는 순간이다.

'새떼/마른 풀/진눈깨비/레그호온/울안'은 원근감이 없이 서로 대등한 관계를 맺으며 표상된다. 대상 간의 선조적 연결 고리를 설명하는 용언이 생략되어 있다. 그래서 결과적으로 '새떼/마른 풀/진눈깨비/레그호온/울안'이라는 체언 병치식의 구조가 된다. 일차적 차원의 평면적 풍경이다. 원근법적 풍경에서는 시적 자아의 주관이 주도하는 배치의 질서에 따라 입체감이 만들어진다. 그러나 시적 자아의 주관성이 소거된 풍경에서 대상의 입체감은 대상 스스로에 의해 만들어진다. 이때 대상의 입체감은 대상에게 환기되는 형상 너머의 비가시적인 여운이다.

"불 켠 울안"의 빛에 드러나지 않는 풍경, 즉 '새떼/마른 풀/진눈깨비/레그호온' 사이의 풍경은 어둠에 의해 지워져 표상된다. 빛에 의해 드러나는 대상과 해가 지는 것과 함께 어둠으로 지워지는 대상들이 같이 제시된다. 그래서 현존과 부재가 동시에 표상되는 풍경이 된다. "불 켠 울안"은 대상들이 최종적으로 가시화되는 곳이며, 동시에 그 이면으로 사라지는 장소이다. 이때 시적 자아의 위치는 "울안"이 아닌 울 밖 '먼' 곳에서 거리를 두고 바라보는 자리에 있다. '새떼/마른 풀/진눈깨비/레그호온'은 시적 자아로 가까이 다가오는 것이 아니라 멀어져가는, 사라져가는 대상들이다. 그리고 그것들이 멀어져 가는 최종의 자리에 "울안"의 불빛이 켜진다. 그래서 "울안"의 불빛은 부재와 현존이 공존하는 박용래 시의 대상 풍경의 특징을 잘 드러내는 종결부이다.

박용래 시의 대상 풍경은 가시적인 것과 비가시적인 것이, 달리 말해 형상과 이면이 혼재하는 풍경이라는 특징을 갖는다. 박용래 시의 시적 자아는 '먼/너머'라는 일정거리에서 시적 자아의 주관적 욕망을 제어하고 대상들을 객관적으로 바라본다. 먼 거리에서 보는 대상들의 풍경은 '아슴한 저물녘'의 풍경이다. 그것은 낮과 밤, 빛과 어둠의 경계에서 표상되는 풍경이다. 그래서 표상과 함께 소멸되는 순간적 풍경이다. 이때 대상들을 의미화하는 것은 시적 자아의 주관적 의도가 아니다. 시적 자아는 대상에 대한 합목적적인 의도와 절연하고 무의지적으로 대상을 바라본다. 그래서 대상을 말하는 것은 대상 그 자체가 된다.

2) 소요의 태도

박용래 시의 시적 자아는 대상을 분석, 이해하고 그것에 따라 반응하지 않는다. 박용래 자신이 밝혔듯이 "사물을 구태여 해석하려 하지 않고 조용히 응시"[204]할 뿐이다. "괴로워도 서러워도 비판하지 말자"[205]라는 자기 통어의 자세를 견지한다. 자기의 주관적 의지를 지양하고 무관심성의 태도로 세계를 바라본다. 무관심성의 태도는 외부의 개입 없이 대상을 그 자체로만 바라보는 '무심'의 경지로서 대상을 관조하는 무의지적 태도이다. 칸트에 따르면 이는 감각적 희열, 도덕적 개선, 과학적 지식 및 유용성에 대한 관심과는 다른 미적 대상에 대한 순수한 관심이다.[206]

시적 자아의 무의지적인 보기는 대상 이외의 문제들을 대상에게서 걷어낸다. 소요(逍遙)하며 오로지 대상의 온전한 실체에 접근한다. 소요는 자기를 잊는 무기(無己)의 경지에서 정신의 자유로움을 얻는 것이며, 미적인 의미로서의 지락이 가능하게 하는 유(遊)이다.[207] 시적 자아는 거리를 두고 대상을 관조할 뿐이다. 이때 관조는 무의지적인

---

204) 박용래, 『우리 물빛 사랑이 풀꽃으로 피어나면』, 문학세계사, 1985. p.123.
205) 위의 책, p.144.
206) 칸트에 따르면 무관심은 대상에 대한 주의가 결여된 것이 아니라 오히려 매혹적인 산물로서 미적 대상에 주의를 집중하는 것이다. 이때 대상을 바라보는 태도는 관심의 배제가 아닌 어떤 특정 태도에 치우침이 없는 태도이다. 김광명, 「칸트 미학에서의 무관심성과 한국미의 특성」, 『칸트연구』 13, 한국칸트학회, 2004.6. pp.9-10.
207) 조민화, 『중국철학과 예술정신』, 예문서원, 1997. p.227.

보기로서 대상의 충실한 상을 수용하는 것이다. 순수하게 대상에 몰입하는 것이다. 이러한 태도는 대상의 표피를 걷어내고 그것의 실재를 바라보게 하는 수실거화(守實去華)의 미의식과도 통한다.[208] 대상을 둘러싸고 그것을 의미화하는 수식어들을 절약하고, 대상의 한 단면만을 충실하게 표상한다. 그래서 수식어에 가려져 있던 대상의 원모습을 드러낸다. 이때 대상은 관습적인 모습과 절연된 새로운 모습이다. 이러한 무의지적인 보기의 태도는 다음과 같은 작품들에서도 잘 나타난다.

> 환한 거울 속에도 /아침床에도/얼굴은 없다
> 노오란 칸나/꽃 너머/저 불붙는 보랏빛
> 엉경퀴, 꽃/너머/내 얼굴은
> 日常의/얼굴 밖에서/바람 부는 자리
> 솔개 그림자로/들판에 너울거린다
>
> — 〈솔개 그림자〉 전문

> 官北里 가는 길/비켜 가다가/아버지 무덤/비켜 가다가
> 논둑 굽어보는/외딴 송방에서/샀어라/
> 성냥 한 匣/사슴표,/성냥 한 匣/어메야
> 한잔 술 취한 듯/하 쓸쓸하여/보름, 쥐불 타듯.
>
> — 〈보름〉 전문

박용래 시의 시적 자아는 "일상" 너머에서 일상을 바라본다. 시적 자아는 "日常의/얼굴 밖에서/바람 부는 자리"에서 대상들을 바라본다. 인과적, 실용적 원리가 지배하는 일상의 "아침床", "거울 속", "너머"에 시적 자아는 자리한다. 일상 너머에서 일상 속의 대상들, 즉 "엉경퀴

---

208) 민주식에 따르면 수실거화(守實去華)의 사상은 이규보의 미학에서 구체화된 이래 조선시대 사림파나 미학사상에 이르기까지 계승된다. 민주식, 「한국 전통 미학 사상의 구조」,『미학예술연구』 17, 한국미학예술학회, 2003. p.35.

꽃", 그리고 그 "너머"의 "노오란 칸나 꽃" 그리고 " 거울"과 "아침상"을 본다. 이때 시적 자아는 스스로를 대상화시킨다. 박용래 시에는 시적 자아가 스스로를 대상화시키는 작품들이 많다. 가령 "주발/목발/저문 산/새발 심지의 燈盞"(〈겨울산〉)으로, "솜과자/붕어빵/햇살/오류동의 銅錢"(〈五柳洞의 銅錢〉)으로 또한 "지풀/눈 속 羊"(〈自畵像2〉)로 시적 자아는 스스로를 대상화해 바라본다. 즉 시적 자아는 스스로를 하나의 대상으로서 객체화시킨다. 그래서 일상의 대상들과 수평적인 존재가 된다. 시적 자아와 대상의 관계가 보고 보이는 수직적 관계가 아니라 서로 보는 상호적, 수평적 관계가 된다.

박용래 시의 시적 자아는 하나의 대상의 위치에서 다른 대상을 본다. 이때 시적 자아와 대상 사이에는 '너머'라는 빈 공간이 존재한다. 빈 공간은 대상 이외의 것과 대상을 절연시킨다. 또한 시적 자아와 시적 자아의 주관적 욕망을 절연시킨다. 그래서 빈 공간은 시적 자아가 목적 의식으로부터 자유로운 상태에서 소요하며 대상 자체에 충실하게 몰입하는 공간이 된다. 생생한 삶의 현장에서 정신의 자유로움을 누릴 수 있는 '빈 공간'을 찾을 때 지락의 순수 풍경은 표상될 수 있다.[209] 따라서 시적 자아에게 "너머"는 자유로운 정신의 상태에서 소요하며 대상의 실재를 즐기는 빈 공간이다.

일상과의 거리를 두고 일상을 바라보는 소요의 태도는 〈보름〉에서의 "비켜 가다"의 태도이기도 하다. "아버지의 무덤"을 가되 비켜감으로써 "아버지의 무덤"과 "시적 자아" 사이에 "너머"와 같은 빈 공간이 생긴다. "비켜"가는 태도는 대상에 대한 시적 자아의 주관적 해석의 목소리를 감추는 태도이다. 그래서 "아버지 무덤"과 "사슴표 성냥 한 갑"이라는 대상에게서 "비겨"가는 빈 공간만큼 여백이 발생한다. 여백을 통해 대상의 원래 모습이 표상되고 이때 시적 자아는 순수한 미감의 경험을 즐길 수 있다.[210] 이러한 박용래 시의 시적 자아에게 문제

---

209) 조민화, 『중국철학과 예술정신』, 예문서원, 1997. p.221.
210) 이강범, 「중국 고전시가에 나타난 자연관의 변화-'以我觀物'에서 '無我之境'

가 되는 것은 현실의 문제를 타개 개진하는 것이 아니다. 이때 대상들은 의미들이 불확정 자체로 남아 있는 것이 되곤 한다.

—— 오오냐, 오냐 들녘 끝에는 누가 살든다
—— 오오냐, 오냐 수수이삭 머리마다 스쳐간 피얼룩
—— 오오냐, 오냐 화적떼가 살든가
—— 오오냐, 오냐 풀모기가 날든가
—— 오오냐, 오냐 누가 누가 살든가

- 〈누가〉 전문

눌더러 물어볼까 나는 슬프냐 장닭 꼬리 날리는 하얀
바람 봄길 여기사 夫餘, 故鄕이란다 나는 정말 슬프냐

- 〈고향〉 전문

박용래 시는 종결부에서 의미가 확정되기보다는 무한해진다. 이는 종결부의 "누가 누가 살든가"에, "나는 정말 슬프냐"에 대응하는 답이 부재하기 때문이다. 시적 자아의 목소리가 가장 뚜렷하게 제시되어야 하는 지점에서, 오히려 시적 자아의 목소리가 최대한 제어된다. 그래서 대상들이 단계별로 구체화되며 하나의 완전한 상을 향해 나아가는 것이 아니라 계속해서 다른 대상을 지시하며 병치, 이탈된다. "피얼룩", "화적떼", "풀모기"는, "장닭 꼬리", "하얀 바람 봄길", "부여"는 "누가 누가 살든가"와 "나는 정말 슬프냐"라는 물음에 대한 답으로서 대응되지 않는다. 물음과 답의 관계에서 이탈한 각각의 대상들은 불확정적이 된다. 시는 종결되나 표상된 대상이 환기하는 의미의 영역은 다시 의문을 던진다. 종결부로 갈수록 시적 자아가 의도하는 범주로 대상의 의미가 구체화되는 것이 아니라 대상의 의미가 미적 심연으로 깊어진다. 그래서 박용래 스스로가 말했듯이 "곧잘 끝이 시작이 되는

까지」, 김경수 외, 『동서양 문학에 나타난 자연관』, 보고사, 2005. p.173.

나의 시, 공식이 있을 수 없"는[211] 시가 된다. 다음 시는 이러한 박용
래 시의 특징을 잘 보여주는 작품 중의 하나이다.

> 누웠는 사람보다 앉았는 사람 앉았는 사람보다 섰는 사
> 람 섰는 사람보다 걷는 사람 혼자 걷는 사람보다 송아지
> 두, 세 마리 앞세우고 소나기에 쫓기는 사람.
>
> — 〈소나기〉전문

〈소나기〉에서 비교격 조사 "보다"로 연쇄되는 체언들의 의미는 기
표화되지 않는다. "보다"로 연결되는 체언들이 어떤 유기적 관계를 가
지는지를 설명해 줄 시적 자아의 목소리가 빠져 있는 것이다. 그래서
"보다"로 연결되며 대상과 대상이 직접 서로를 지시하는 관계는 종결
부의 "소나기에 쫓기는 사람"의 체언 뒤, '-보다 어떠하다'라는 시적 자
아의 목소리를 지워버린 자리에서 다시 의미가 개방된다. '-보다, -하
다'라는 시적 자아의 목소리가 생략됨으로써 대상의 의미가 기표와 대
응되는 기의 너머로 심화된다. 따라서 박용래 시는 문제 인식과 좌절
또는 해결 의지의 절차를 따르는 선조적 인과론적인 과정을 보여주는
시가 아니다. 박용래 시는 시적 대상을 교훈적, 이념적 가치 이전에
하나의 심미적 대상으로 삼는다.[212] 목적 의식으로부터 자유로워져
소요 · 순환하는 여정으로 대상의 원모습을 현현하는 것이다.

> 부엉이/은모래/한 짐 부리고/부헝 부헝/부여 무량사/
> 부우헝/열사흘/부엉이/은모래/두 짐 부리고/
> 부헝 부헝/서해 외연도/부우헝
>
> — 〈열사흘〉 전문

---

211) 박용래, 『우리 물빛 사랑이 풀꽃으로 피어나면』, 문학세계사, 1985. p.84.
212) 엄경희, 「근대적 세계의 패러다임과 자연시」, 성기옥 외, 『한국시의 미학적
   패러다임과 시학적 전통』, 소명출판, 2004. p.523.

늦은 저녁때 오는 눈발은 말집 호롱불 밑에 붐비다
늦은 저녁때 오는 눈발은 조롱말 발굽 밑에 붐비다
늦은 저녁때 오는 눈발은 여물 써는 소리에 붐비다
늦은 저녁때 오는 눈발은 변두리 빈터만 다니며 붐비다.

— 〈저녁눈〉 전문

시적 자아는 부엉이 소리를 반복해서 표상한다. 그러나 그것의 구체적인 의미가 제시되지 않는다. 다만 시적 자아가 표상한 '부여 무량사/서해 외연도' 너머로 환기될 뿐이다. 〈저녁 눈〉에서도 마찬가지이다. "붐비다"는 대상들이 서로 겹치는 통로 역할을 할 뿐, 인과적 의미 관계를 나타내지 않는다. 시적 자아는 '붐비다와 붐비다'의 사이, 그리고 '부우형과 부우형'의 사이 빈 공간을 소요한다. 소요하는 시적 자아는 문제 해결로 점점 다가서려는 목적 의식과 절연하고 무의지적으로 대상을 본다. 문제 해결의 과정으로부터 벗어나 빈 공간을 순환, 반복한다. 순환·반복 속에서 시적 자아가 바라본 대상들은 스스로의 실재를 비가시적으로 나타낸다. '호롱불/조롱말 발굽/여물써는 소리/변두리 빈터' 너머에서 "눈발이 붐비는" 풍경의 고유성은 비가시적으로 나타난다. 그것이 박용래 시의 "그림 없는 액자"(〈감새〉) 또는 "소인 없는 사연"(〈명매기〉)같은 대상 표상 방식이다.

3) 무용한 대상 표상

박용래의 시는 인간의 자기중심적 사유에 의해 유용화, 관습화되기 이전의 대상의 모습을 밝힌다. 박용래 시의 시적 자아는 현실과 관련된 이해득실의 욕망을 지양하고, 무목적의 관심으로 대상을 바라본다. 그래서 현실의 합목적적인 논리가 사장시켰던 새로운 대상의 아름다움을 나타낸다. 그것은 현실과 관련된 대상의 유·무용의 경계를 넘어서 발견되는 대상의 실재이다. 대상의 유용과 무용을 나누는 시적 자아의 주관 이상에서 발견할 수 있는 대상의 실재를 확인하려 한다. 이를 위해 박용래 시의 시적 자아는 시적 대상에 대한 유·무용의 판단을 하지 않는다. 박용래 시의 시적 자아는 대상과 관련된 시시비비 또는 이해득실의 구분법으로부터 자신을 절연시킨다. "아름다운 혼을 지키기 위한 세상의 모멸이라면 얼마든지 감수할 수도 있다"213)는 자세로 현실 문제가 틈입하는 것을 차단한다. 그래서 현실의 이해득실로부터 배제된 것, 사장된 것들을 전경화한다. 현실을 지배하는 실용의 논리가 관습적으로 부여한 의미로부터 대상들을 이탈시킨다.

박용래 시에서 체언들은 대부분 무용한 것들을 지시한다. 무용한 것들의 전경화는 체언 위주의 진술 방식으로 나타난다. 시적 자아의 욕망이 개입되는 용언들을 최소화하기 때문이다. 무용한 것을 지시하는 체언 위주의 시는 체언 간의 인과적 연결고리를 만들어 주는 서술어의 역할이 축소된 채, 체언과 체언이 직접적으로 만나는 체언 병치식의 글쓰기로 이루어진다. 그래서 서술어로 체언과 체언을 비교하거나 유사함을 보여주어 시적 자아가 원하는 곳으로 독자를 이끌지 않는다. 비교함과 유사함을 지워버리고 독자를 대상에 대한 관습적 의미의 경계가 무화되는 풍경에 빠져들게 만든다.214) 그러므로 박용래 시에 대상들의 의미는 무용하다는 관습적인 의미 이전의 근원적이고 보편적인 의미로 향한다. 근원적이고 보편적인 의미들은 대상들의 개별적인 특성들이 심화, 확산되어 종국에는 혼용되는 의미들이다. 그래서 확정적인 테두리를 무화시키는 의미이다.

박용래 시는 시적 대상의 형상 너머로 의미를 개방시킨다. 이는 대상을 주관화하는 시적 자아의 목소리가 침묵을 지키고 있기 때문이다. 리쾨르에 따르면 의미의 개방이란 언어가 자기와 다른 것을 향해 터

---

213) 박용래, 『우리 물빛 사랑이 풀꽃으로 피어나면』, 문학세계사, 1985. p.144.
214) 비교함과 유사함을 지워버린 시는 환원 불가능해 보이는 사물들의 최종적인 동일성을 드러내고 유발시켜 생의 심연을 나타낸다. 옥타비아 파스, 김홍근·김은중 역, 『활과 리라』, 솔, 1998. p.84.

져나가는 것인데, 이때 언어는 상징적인 것으로서 숨겨진 세계의 이면을 드러내며 동시에 자신은 침묵한다.[215] 박용래 시에서 시적 자아의 침묵은 무용한 대상을 전경화하고 그것의 이면적 아름다움을 나타나게 한다. 이때 이면적 의미는 대상의 자율적인 힘에 의해 생성된다. 관습화된 의미 이전의 원래 의미를 대상 스스로 생성한다. 그리고 그것은 시적 자아의 침묵의 자리, 즉 부재의 자리에서 나타난다. 박용래 시에서의 체언 병치는 이 같은 특징이 잘 나타나는 글쓰기 방식이다.

> 풀자리 빳빳한/旅館집/문살의 모기장.//
> 햇살을 나는/아침 床머리/열무김치.//
> 대야물에/고이는/오디빛.//풀머리/뒷모습의/꽃창포.
>
> － 〈창포〉 전문

> 靑참외/속살과 속살의/아삼한 接分/그 가슴/동저고릿 바람으로/붉은 山/오내리며/돌밭에/피던 아지랭이/상투잡이/머슴들/오오, 이제는
> 배나무/빈 가지에/걸리는 기러기.
>
> － 〈接分〉 전문

> 꼬이고 꼬인 藤나무 등걸/깨진 고령토 花盆/삿갓머리 씌운 배추 움
> 떠받친 빨래줄/紙鳶 낚던 손/빛 바랜 宿根草/서릿발 내린 斜面
> 복판에 이마 부비며 피는 마을 사람들/貯水池의 물안개
> 비탈에 지던 落差
>
> － 〈落差〉 전문

215) 리쾨르는 상징이 해석학을 설명하며 해석학의 약점은 언어를 붙들지만 동시에 그 언어가 언어를 빠져나가는 것인데, 해석학이 취하는 언어를 과학적으로 다룰 수 없다고 말한다. 닫힌 기표세계에서만 과학이 가능하기 때문이다. 숨기고 있는 것을 드러내고 밝히는 힘으로서 언어는 제 역할을 하고 제 모습을 찾는다. 그때 언어는 자신이 말하는 것 앞에서 침묵한다. 폴 리쾨르, 양명수 역, 『해석학의 갈등』, 민음사, 2001. p.74.

볏가리 하나하나 걷힌/논두렁/남은 발자국에/딩구는/우렁 껍질
수레바퀴로 끼는 살얼음/바닥에 지는 햇무리의/下官
線上에서 운다/첫 기러기떼.

- 〈下官〉 전문

〈창포〉에서 '문살의 모기장, 아침 床머리, 열무김치, 대야물꽃창포'
는 탈인과적, 탈원근법적으로 표상된다. 시적 자아와 대상들 각각이
거리를 대등하게 유지한다. 그리고 대상들 사이에는 서로의 관계를
설명해 주는 서술어가 거의 나타나지 않는다. 체언이 다른 체언을 직
접 지시하며 관계를 가진다. 때문에 대상들의 관계는 낯설다. 대상과
대상이 시적 자아의 설명이 아니라 대상 그 자체의 모습으로 선명해
진다. 이는 체언 병치식의 글쓰기를 보여주는 〈접분〉, 〈낙차〉, 〈下官〉
등에서도 마찬가지이다. 의미의 공통부분이 없는 한 대상이 한 대상
을 지시하는 방식으로 대상들이 접속된다.216)

박용래 시가 표상하는 대상들은 중심 의미에 종속되는 단순한 타자
가 아니다. 대상들은 독자성을 생성하는 주체이다. 대상들은 각각 독
립성을 유지하면서 동시에 전체 풍경의 한 부분으로 작용한다. 대상
들은 시적 자아에 의해서가 아니라 자율적으로 의미를 환기하고 갱신
한다.

가령 〈接分〉의 '청참외, 아삼한 접분, 붉은 산, 아지랑이, 머슴들' 등
은 서술어를 통해서가 아니라 하나의 체언이 다른 체언에 의해 의미
화된다. 그리고 "오오, 이제는"을 경계로 체언들의 병치 풍경이 "배나
무 빈가지에 걸리는 기러기"로 마무리된다. 이때 종결부에 있는 체언
은 전체 풍경을 수렴하는 것과 동시에 개방하는 역할을 한다. "오오
이제는"이 그것의 앞, 뒤를 인과적으로 연결하는 역할을 하기보다는
하나의 휴지부로서의 역할을 하기 때문이다. 〈하관〉이나 〈낙차〉 같은

---

216) 권혁웅, 「박용래 시 연구-비유적 특성을 중심으로」, 『작가연구』 13, 깊은샘,
    2002.6. p.285.

작품도 같은 경우이다. "비탈에 지던 落差", "첫 기러기떼"는 전체풍경을 하나의 중심으로 단일화시키는 것이 아니라 개체화시킨다. 병치되는 체언들의 의미는 서로 겹치면서 동시에 어긋난다. 병치되는 체언들의 의미는 "배나무 빈가지에 걸리는 기러기", "비탈에 지던 落差", "첫 기러기떼"의 종지부 체언에 겹치면서 또한 그것을 넘어선다.

체언들의 불연속적인 연속은 체언들이 각각의 독립성을 선명하게 유지하면서 동시에 형상 이상의 의미를 나타나게 한다. 이러한 형상 이상의 의미가 전체 풍경의 의미로 환기된다. 그러므로 전체 풍경은 각각의 체언들이 서로 혼융되어 있다. 그것은 체언 각각의 개별성과 동시에 그것을 넘어선 근원적인 보편성을 나타낸다. 그래서 기표를 넘어서는 언외지의의 풍경이 된다. 언외지의를 가진 대상들은 동일화 대상이 아닌 그 자체로 완전성을 가진 것이다. 대상들은 시적 자아가 다 보지 못하는 고유한 부분을 지닌 존재이다. 그것은 대상의 형상 너머에서 비가시적으로 환기되는 여운으로 제시된다. 따라서 언외지의는 시적 자아가 다 밝히지 못하는 대상의 신성성이 발현된 것이다. 즉 "대야물에 고인 오디빛"같이 사용 가치가 떨어지는, "배나무 빈 가지" 처럼 소멸적인, "깨진 고령토", "딩구는 우렁껍질"처럼 버려진 무용의 대상들에게서 현실의 논리로는 환원 불가능한 아름다움을 발견하는 것이다. 그래서 시적 자아 스스로가 다 보지 못한 대상의 아름다움까지 나타낸다. 이는 능동성과 자율성을 대상에 부여해 대상을 경물화 함으로써 가능하다. 다음 시에도 이는 잘 나타난다.

내리는 사람만 있고
오르는 이 하나 없는
보름 장날 막버스
차창 밖 꽂히는 기러기떼,
기러기 떼 보아라
아 어느 강마을

殘光 부신 그곳에

떨어지는가

                        – 〈막버스〉 전문

　〈막버스〉에서 "막버스", "기러기떼", "강마을"의 관계를 알려주는 서술어는 최소화되어 나타난다. 즉 시적 자아의 목소리가 통어된다. 시적 자아의 목소리에 의해 의미화되는 풍경이 아니라, 풍경을 이루고 있는 "막버스", "기러기떼", "강마을"이라는 대상들 서로가 직접 관계를 맺어 자율적으로 의미를 생성한다. 시적 자아의 목소리가 제어됨으로써 체언과 체언 사이에는 여백이 생긴다. "정말 진짜 시를 쓰고 싶다. 언어를 망각하고 싶다. 꽝꽝나무 같은 단단한 의미"[217]라고 말했던 것처럼 박용래는 체언과 체언 사이의 언어가 망각된 여백을 만든다. 그 여백의 통로로 체언의 의미가 생성되는데, 즉 언외지의이다. 그리고 이때의 언외지의는 "오르는 이 하나 없는/보름 장날 막버스"를 통해 볼 수 있는 단단한 아름다움이다. 막버스는 "오르는 이 하나 없"기 때문에 무용한 것이 아니라, 오히려 '잔광, 기러기 때, 강마을'의 무한한 아름다움으로 의미를 개방하는 통로가 된다. 무용한 것을 전경화하는 박용래의 체언들은 의미를 구체화하는 것으로 종결되는 것이 아니라 그것을 다시 확산시키는 것으로 종결된다. "殘光 부신 그곳"이 어디인지, 어떻게 하면 갈 수 있는지 아니면 갈 수 없어서 절망스러운지 여부는 제시되지 않는다. "殘光 부신 그곳"은 현실과의 대응 관계에 있는 곳이 아니다. "殘光 부신 그곳"은 자기중심의 논리로 유용과 무용을 판단하고 고투하는 시적 자아의 가시적 범주 안에서 표상되는 것이 아니다. 박용래 시의 시적 자아는 "어느" 지점에서 시적 자아는 목소리를 제어한다. 시적 자아의 침묵은 "기러기 떼"가 꽂히는 강마을의 모습을 표면화하거나 단일화하지 않는다. "강마을" 스스로 그 모습을 변주하게 만든다. 변주되어 확산되는 강마을의 모습은 시적 자아의 침

---

217) 박용래, 『우리 물빛 사랑이 풀꽃으로 피어나면』, 문학세계사, 1985. p.99.

묵으로 가능하다. 그래서 그것은 부재로써 나타난다. 시적 자아의 목소리로 선명하게 밝힐 수 없는 대상의 신성성이 환기되는 것이다. 그것은 탈역사적, 탈사회적인 의미이다. 그것은 문학적 심미안으로만 볼 수 있는 대상 풍경이다. 이러한 대상 풍경은 박용래 시에서 '흔적'과 '소리'로 곧 잘 나타난다.

> 曲馬團이/걸어간/허전한/자리는/코스모스의/地域//
> 코스모스/먼/아라스카의 햇빛처럼/그렇게
> 슬픈 언저리를/에워서 가는/緯度//
> 참으로/내가/사랑했던 사람의/一生//
> 코스모스/또 영/돌아오지 않는/少女의 指紋
> — 〈코스모스〉 전문

> 호박 잎/하눌타리 자락/짓이기고
> 황소떼 몰린/물구나무 선/ 洞口//
> (아삼한 哭聲)//
> 아, 추수도 끝난/가을 한철/저물녘
> 논배미/물꼬에 뜬/우렁 껍질의/
> 귀울림.
> — 〈귀울림〉 전문

박용래 시는 대상의 최종적인 모습을 부재로써 표상한다. 가령 〈코스모스〉에서는 "코스모스"를 통해 가시화된 대상 너머에 부재로써 환기되는 "소녀"가 나타난다. "곡마단이 걸어간 허전한 자리", "코스모스의 지역"이라는 "사랑했던 사람"의 흔적으로 "소녀"는 현시된다. "코스모스"는 소녀의 흔적으로 의미화된다. "곡마단"과 "코스모스"와 "소녀"의 관계를 설명하는 말은 생략되어 있다. 그러므로 "곡마단"과 "코스모스"와 "소녀"는 직접 만나고 겹치면서 동시에 어긋난다. "곡마단"과 "코스모스"는 소녀의 흔적으로 의미화된다. 그리고 흔적의 기원인 "소녀"를 형상 너머의 여운으로 가진다. 즉 "소녀"는 부재로써 제시된다. 이는 표상된 대상들이 시적 자아의 가시적 범주보다 더 큰 의미의 영역을 가지기 때문이다. 박용래 시에 빈번하게 등장하는 소리 이미지 또한 마찬가지이다. 〈귀울림〉에서 '가을 한철 저물 녘 동구'의 가시적 풍경은 배후적인 의미를 지닌다. 표상된 대상들은 비가시적인 "아삼한 곡성"과 "귀울림"으로 의미화된다. "동구"와 "아삼한 곡성"이 그리고 "추수 끝난 저물녘"과 "귀울림"이 인과적 연결고리가 생략된 채 직접 연결된다. 그래서 대상 스스로가 관계 의미를 말하는 것이 된다. 대상들은 시적 자아의 의도에서 벗어나 자율적으로 의미를 생산한다. '소리'는 그러한 의미의 징표이다. 보이지는 않으나 들리는 것으로 의미화되는 것이다.

지금까지 살펴본 박용래 시의 대상 표상은 독립성을 지닌 대상들이 접속하는 방식으로 나타난다. 서술어의 기능이 약화되고 체언이 직접 서로를 지시하며 형성되는 자율적 관계에 의해 의미가 형성된다. 따라서 의미는 기표를 넘어 시적 자아의 가시권 밖으로 심화, 확산된다. 표상된 대상들은 언외지의를 갖는다. 이때 대상들은 곧 체언으로 지시된다. 그리고 체언들은 주로 무용한 대상을 나타낸다. 박용래 시는 이해득실의 현실 논리에서 사장되었던 무용한 것을 전경화한다. 전경화된 체언과 체언 사이에는 여백이 자리한다. 여백은 무용한 대상들의 의미를 확정시키는 것이 아니라 무한한 아름다움을 실재로 가지게 한다. 그래서 대상들의 최종적인 의미는 지속적으로 유보되고 연기되며 비가시적으로 드러난다. 이때 대상은 시적 자아의 능력으로는 다 설명할 수 없는 고유의 의미 영역을 가진다. 따라서 박용래 시에 표상된 무용한 대상들은 시적 자아가 가시화하지 못하는 신성성을 가진 것이 된다. 그리고 그것은 부재로써 현존한다.

3. 무의식적 경물과 김종삼 시

김종삼의 시는 의식을 지양하고 의식 너머를 지향한다. 김종삼 시에 나타난 파편적, 환상적 진술들은 무의식의 심층과 관련된다. 김종삼 시에 나타나는 고통, 죄의식, 환상이란 사회적 경제적 관계와 연관되기보다는 근원적이고 원초적인 것에 연관된다.[218] 김종삼 시에서 경물은 무의식의 세계에 속한 시적 대상이다. 그러므로 의식의 세계에서는 매우 생경한 시적 대상이다.

김종삼 시에서 경물은 환상적인 속성을 띤다. 김종삼 시의 환상은 실재계를 지향하는 김종삼 시 시적 자아의 무의식적인 욕망이 만들어낸 실재계의 대리물이다.[219] 그러므로 김종삼 시의 환상은 시적 자아가 실재계와 간접적으로 만나는 형식이다. 환상적인 속성을 가지는 김종삼 시의 경물은 시적 자아가 현실 세계에서 결여된 무엇인가를 확인하는 태도를 바탕으로 한다. 결여된 것은 실재계에 해당되는 것들이다.[220] 김종삼 시의 시적 자아는 결여를 확인하고, 실재계에 속한 경물들의 아름다움을 지향한다. 이때 김종삼 시의 경물은 형상 이상의 무한한 영(靈)을 실재로 가진다.[221]

김종삼 시의 경물이 가지는 형상 이상의 아름다움은 실재계로부터 되돌려지는 눈, 즉 응시에 의해서 표상된다. 보기와 보이기라는 주객

---

218) 김주연, 「비세속적인 시」, 장석주 편, 『김종삼 전집』, 청하, 1988. p.300.
219) 실재계란 상징화, 언어화, 문자화 이전의 세계로서 부재가 없는 충만의 세계이다. 박찬부, 『라캉:재현과 그 불만』, 문학과 지성사, 2006. p.253.
220) 본고는 '결여'를 정신분석학에서 말하는 용어 의미로 사용한다. 정신분석학에서 결여란 의식의 층위에서 무엇인가가 빠져 나가 생긴 빈 자리를 말한다. 이때 빠져나간 것, 즉 결여물은 무의식의 세계인 실재계이다. 바꿔 말해 의식의 층위에 난 구멍이 결여의 자리이며, 결여의 자리에 있었던 것은 의식화 과정, 즉 상징계의 주체로 편입되는 과정에서 거세된 실재계이다.
221) 세속의 범근(凡近)에 구애받지 않고 허광방달(虛曠放達) 한 곳에서 노니는 마음인 원(遠)의 경지에서 형(形)의 영(靈)을 발견한 아름다움이 나타난다. 서복관, 권덕주 역, 『중국예술정신』, 동문선, 1990. p.391.

의 관계가 역전된, 응시에 의해 표상되는 경물은 정상적인 기표와 기의의 대응 관계로는 설명 불가능하다. 그러므로 김종삼 시의 경물은 불완전한 기표, 탈문법적인 통사 구조 등을 통해 표상되며, 다분히 분절적이고 파편적인 모습으로 나타난다.

1) 선험계를 보는 시적 자아

김종삼 시의 시적 자아의 눈은 현실 세계를 향하지 않는다. 시적 자아는 "이 세상에 계속해 온 참상들을 보려고 온 사람이 아니"(〈무제〉)기 때문이다. 시적 자아가 보는 곳은 의식 세계의 인과적 논리가 적용되지 않는 세계이다. '문제인식-대응방식모색-극복 또는 실패'라는 변증법적 단계를 밟아 표상되는 세계가 아니다. 시적 자아가 지향하는 곳은 현실 세계와 구분되는 곳으로서, 시적 자아에게 존재 의미를 부여한다는 점에서 성소(聖所)와 유사하다.[222] 그런데 김종삼 시의 성소는 선험적인 세계에 속한다. 그러므로 시적 자아가 보는 선험계는 인과적인 질서에서 벗어나 분절되어 표상된다.

> 골짜구니 大學建物은/귀가 먼 늙은 石殿은
> 언제 보아도 말이 없었다.//
> 어느 位置엔/누가 그린지 모를
> 風景의 背音이 있으므로,
> 나는 세상에 나오지 않은/樂器를 가진 아이와
> 손쥐고 가고 있었다.
>
> — 〈背音〉[223]

---

222) 성소는 균질화된 현실과 단절된 곳으로 인간이 방향성을 획득하고 진정한 의미에서의 삶을 획득하게 한다. M. 엘리아데, 이은봉 역, 『성(聖)과 속(俗)』, 한길사, 1998. p.57.

223) 본고에서 김종삼 시는 장석주 편의 『김종삼 전집』(청하, 1988)을 참고하며 권명옥 편의 『김종삼 전집』(나남출판, 2005)에서 인용하도록 하겠다. III장 3절에서 김종삼 시 인용 시에는 작품명만 명기한다.

어느 산간 겨울철로 /접어들던 들판을 따라
한참 가노라면/헌 木造建物/이층집이 있었다
빨아 널은 행주조각이/덜커덩거리고 있었다
먼 鼓膜 鬼神의 소리

– 〈戀人〉 전문

〈배음〉에서 시적 자아가 본 대상들은 선조적 질서를 따라 배치되어 있지 않다. 대상과 대상 사이의 관계 양상은 설명되지 않는다. 대상들은 다만 "어느 位置엔/누가 그린지 모를" "背音"이 형상 너머에서 들리는 것이라는 점에서 공통될 뿐이다. 시적 자아는 대상 각각을 볼 뿐 대상과 대상 사이에 무엇이 있는지는 말하지 않는다. 〈연인〉에서도 마찬가지이다. "빨아 놓은 행주 조각이 덜컹 거리고 있다"는 "목조건물 이층집"의 주변 풍경은 생략되어 있다. 따라서 "목조건물 이층집"을 의미화하는 것은 형상 너머에서 들리는 "먼 鼓膜 鬼神의 소리"라는 배음이다. 이때 배음은 가시적으로 나타나지 않는다. 그것은 대상의 배후에서 비가시적으로 나타난다. 대상의 실재는 하나의 의미로 집중되는 것이 아니라 확산되며 모호해진다. 대상의 실재는 대상을 지시하는 기표의 의미 범주를 이탈한다.

시적 자아와 손을 잡는 "아이"는 "세상에 나오지 않은 악기"라는 선험계의 대상으로 지시된다. 그리고 "아이"는 기표와 대응 관계에서 벗어난 기의를 가진다. "세상에 나오지 않은 악기"는 경험 이전의 것으로 구체화될 수 없는 시적 대상이다. 그것을 정확하게 지시하는 기표들이 가능하지 않기 때문이다. 그러므로 김종삼 시의 경물은 그것을 정확하게 의미화할 수 있는 기표가 부재한 시적 대상들이다. 김종삼 시의 시적 자아는 구체적으로 형상화할 수 없는 선험계의 경물들을 지향한다. 이러한 김종삼 시의 경물은 본의가 생략된 대상으로 나타난다.

내용 없는 아름다움처럼

가난한 아희에게서 온/서양 나라에서 온
아름다운 크리스마드 카드처럼

어린 羊들의 등성이에 반짝이는
진눈깨비처럼

– 〈북치는 소년〉 전문

〈북치는 소년〉은 '―처럼'에 이어서 밝혀져야 할 원관념이 제시되지 않는다. '-처럼' 뒤의 의미는 유사성의 원리 또는 동일화의 원리를 벗어난다. 가시적으로 표상된 "아름다운 크리스마드 카드"와 "진눈깨비"는 의미의 중심 역할을 하는 원관념으로부터 독립되어 존재한다. 그리고 서로 대등하게 나열되어 탈원근법적으로 표상된다. 그리고 대상들의 원관념은 생략되어 있다. 확고부동한 의미로서의 원관념은 유보되고 지연된다. 그런데 김종삼 시는 이렇게 원관념이 유보되고 지연되는 과정 자체가 시적 대상이 실재를 나타내는 과정이다.224)

원관념이 생략된 "크리스마드 카드"와 "진눈깨비"는 그것의 의미를 형상 너머로 확대시킨다. 형상 이상의 의미를 가진 시적 대상이 나타내는 아름다움은 "내용 없는 아름다움"이다. 이는 기존의 세계가 설명하는 내용과 절연되어 있는, 즉 '내용'이 생략된 '아름다움'이다. 내용 부재가 아름다움의 기원이 된다. 이러한 아름다움을 가진 시적 대상은 현실 질서에서 완전히 벗어난 순수 의미를 생성한다. 들뢰즈에 따르면 순수 의미는 일정한 방향으로 기표화되기 전의 잠재적인 것이다.225) 그러므로 순수 의미는 대상 본연의 속성과 가장 밀접하게 연관된다.

내용 없음을 기원으로 하는 시적 대상의 아름다움은 비가시적으로

---

224) 데리다는 의미 작용은 나타나지 않는 것의 불연속과 은밀함의 구덩이, 또는 그것의 우회와 유보의 구덩이에서만 형성된다고 말한다. 자크 데리다, 김웅권 역, 『그라마톨로지에 대하여』, 동문선, 2004. p.129.
225) 질 들뢰즈, 『의미의 논리』, 한길, 1999. p.28.

나타난다. 대상의 아름다움은 기표 자체만으로 통해 새롭게 내용을 창출한다. 내용이 아름다움을 지시하는 것이 아니라 아름다움 자체가 내용을 지시한다. 대상의 비가시적인 아름다움은 시적 자아가 대상의 독자성을 인정하는 태도를 바탕으로 한다. 시적 자아는 대상의 입장에서 대상을 바라본다. 이때 시적 자아는 대상과 소통하거나 정서적 감응을 주고받지 않는다. 시적 대상은 다만 바라볼 뿐이다. 가령 시적 자아는 '방고흐'(〈앙포르멜〉), '세잔느'(〈샹펭〉), '나운규', '김소월'(〈왕십리〉), '전봉래'(〈전봉래〉) 같은 예술가들과 대화를 나누지 않는다. 바라보는 대상들의 풍경과 정서적으로 합일되지도 않는다. 시적 자아와 대상 사이에는 좁혀지지 않는 '거리'가 엄존한다. 거리는 시적 자아가 대상들을 객관적으로 관찰하는 바탕이다. '문'은 김종삼 시에서 시적 자아와 대상 사이의 거리를 함의하는 것이다.

> 나는 몹시 구겨졌던 마음을 바루 잡노라고 뜰악이 한번 더 들여
> 다 보이었다.//그때 분명 반쯤 열렸던 대문짝.
>
> — 〈문짝〉

> 교황청 문 닫히는 소리가 육중
> 하였다 냉엄하였다
> 거리를 돌아다니다다/다비드像 아랫도리를 만져 보다가
> 관리인에게 붙잡혀 얻어터지고 있었다
>
> — 〈내가 죽던 날〉

> 출입문이 반쯤 열려 있었다
> (중략)
> 고두기(경비원)한테 덜미를 잡혔다/덜미를 잡힌 채 끌려 나갔다
> 거기가 어딘줄 아느냐
> 〈안치실〉 연거푸 머리를 쥐어 박히면서 무슨 말인지 몰랐다
>
> — 〈아데라이데〉

김종삼 시의 시적 자아는 '문 안'쪽의 세계를 지향한다. 그러나 '문 안'쪽으로의 완전한 진입을 경험하지 못한다. 문 안쪽의 세계는 문이 열려진 "반쯤"으로만 나타나는 세계이다. "반쯤"의 나타남은 어떤 인과적 절차에 따라 예고된 것이 아니다. "그때"의 갑작스러운 드러남이다. 시적 자아는 문을 활짝 열고 그 안쪽 세계를 온전히 보지 못한다. 시적 자아와 '문 안'의 세계는 '문'이라는 좁혀지지 않는 거리가 존재한다. '문'을 경계로 '문 안'쪽의 세계를 보고 객관적으로 제시할 뿐 시적 자아는 문 안 세계의 의미를 선명하게 밝히지 않는다. '문 안'의 세계는 시에서 "하늘 속 맑은 변두리"의 "라산스카"(〈라산스카〉), "이 지상의/聖堂"(〈성당〉), "영원한 江가 스와니"(〈스와니 江〉) 같이 변주되어 나타난다. 이 같은 시적 대상들은 길 위에 있는 시적 자아가 지향하는 것들이다. 그러나 가까이 가려해도 "좁혀지지 않"(〈샹펭〉)는 거리 밖의 어디에 있는지 "나는 잘 모른다"(〈성당〉)는 곳에 대상은 위치한다. 그럼에도 불구하고 시적 자아는 대상을 향한 시선을 거두지 않는다. 그것을 향한 여정을 멈추지 않는다. '문'을 지키는 "고두기"에 의해 덜미를 잡히고, "관리인"에게 얻어터진다 할지라도 '문 안'쪽의 세계를 시적 자아는 강력하게 지향한다. 그것은 "그때"라는 유년시절과 "교황청" 같은 성소 또는 "안치실" 같은 죽음, 즉 문 안쪽의 세계가 시적 자아에게는 완전한 만족을 경험한 세계로 기억되기 때문이다.

2) 결여 확인의 태도

김종삼 시에서 시적 자아의 여정은 무엇인가 빠져 나간 지점을 향해 있다. 시적 자아가 궁극적으로 바라보는 지점은 결여의 지점인데, 이때 결여는 무의식의 차원과 관련된다. 김종삼 시의 시적 자아는 현실과의 대응 관계를 이탈해 의식 너머의 무의식을 향한다. 정신분석학에서 '결여'는 의식의 층위, 즉 현실의 질서가 지배하는 상징계로부터 무엇인가가 빠져 있다는 것을 말하는 것이다. 이 무엇인가를 라캉은 실재계라고 한다. 실재계는 균열과 틈새가 없는 자연 그대로이며 부재가 없는 충만한 상태이다. 시적 자아가 현실 세계에서 결여된 실재계를 인식한다는 것은 무의식적 욕망의 주체가 된다는 것을 의미한다. 욕망의 주체는 실재계, 즉 경험 이전의 충만의 세계로 돌아가는 방식으로 자신의 과거를 회상하곤 한다.[226] 김종삼 시에 빈번하게 나타나는 유년 시절에 체험한 죽음의 세계는 이러한 충만한 경험의 세계에 해당된다.

김종삼 시에서 '문 앞'은 시적 자아가 '결여'를 확인하는 지점이다. '문 앞'은 의식 세계에서 결여된 문 너머의 세계를 향해, 시적 자아가 무의식적 욕망을 발현하는 자리이다. 따라서 시적 자아는 '문 앞'에서 무의식적 욕망의 주체가 된다.

도라다니다가 말았습니다/가다가는 빠알간/해-ㅅ물이/돌아

저기/ 어두워 오는 /북문은 놀러 갔던
아이들을 잡아 먹고도/남아 있습니다

빠알개 가는/자근 무덤만이/돋아나고 나는/울고만 있습니다.
― 〈개똥이〉

그애가 보이지 않았습니다
그애는 교문을 나가 뒤도 돌아보지 않고 울다가 그치고 울다가
그치곤 하였습니다

저는 그 일을 잊지 못하고 있습니다
그애는 저보다 먼저 죽었기 때문입니다
― 〈운동장〉

---

226) 자크 라캉, 맹정현·이수련 역, 『자크 라캉 세미나 11권 ― 정신 분석의 네 가지 근본개념』, 새물결, 2008. p.83.

"문"은 "놀러 갔던/아이들을 잡아 먹"거나 "뒤도 돌아보지 않고" 멀어져 가는 "그애"가 빠져나간 통로이다. '아이들, 그애'는 '문 안쪽'의 세계에서 결여된 대상들이다. 시적 자아는 '아이들과 그애'를 잊지 못하나 "문"을 넘어서지는 못한다. 또한 '문 너머'의 세계를 가시화하지도 못한다. 다만 '문 너머'로 기억이 환기될 뿐이다. 이는 "문"을 경계로 "나"의 세계와 '아이들, 그애'의 세계가 나누어지기 때문이다. '아이들/그애'는 죽음의 세계에 속해 있다. 죽음의 세계는 문 안쪽의 "나"가 체험할 수 없는 세계이다. 김종삼 시에서 '문 너머'의 세계는 죽음과 밀접하게 연관된다. 시적 자아는 지속적으로 '문 앞'을 배회한다. 이는 죽음 근처를 서성이는 것이다. 시적 자아의 죽음으로의 진입은 '아이들/그애'와의 합일을 의미한다. 죽음은 "나"와 '아이들/그애' 사이의 균열이 완전하게 메워지는 충만의 상태가 된다.[227]

김종삼 시에서 '문 너머'의 세계는 죽음의 세계이다. 죽음은 "어머니의 모습처럼 그리고는 찬연한 바티칸 시스틴의, 한 壁畵처럼."(〈前程〉) 친근한 세계이다. 또한 "어느 누구의 기도도 듣지 않는"(〈벼랑바위〉) 그래서 현실 세계에선 "소리가 나지 않는 完璧"(〈十二音階 層層臺〉)한 세계이다. 그러나 시적 자아는 그것을 경험할 수 없다. 죽음은 의식의 차원에서 시적 자아가 완전하게 소멸되는 것을 의미하기 때문이다. 따라서 의식의 세계에서는 경험할 수 없는 것이다. 죽음과 같은 완전한 충일을 유사하게 체험할 수 있는 유일한 방법은 과거로 돌아가는 것이다. 과거는 '아이들/그애'와 같이 있었던 유일한 때이다. 그래서 죽음과 가장 유사한 체험을 한 시기이다. 김종삼 시에서 죽음이 유년의 기억과 관련돼 자주 나타나는 것도 이와 관련된다. 〈아데라이데〉는 이러한 점이 가장 선명하게 드러나는 작품이다.

---

227) 프로이트에 따르면 '모든 생명체의 목적은 죽음'이다. 그것은 죽음이 유기체로 분화되기 이전, 완전한 만족의 '옛' 상태이기 때문이다. 모든 생명체는 만족의 '옛' 상태를 회복하려는 무의식적 충동을 영속적으로 내재하고 있다. 지그문트 프로이트, 윤희기・박찬부 역, 『정신분석학의 근본 개념』, 열린책들, 2004. pp.310-315.

내가 꼬마 때 평양에 있을 때
기독병원이라는 큰 병원이 있었다
(중략)
출입문이 반쯤 열려 있었다
아무도 없었다 맑은 하늘색 같은 커튼을 미풍이 건드리고 있었다.
가끔 건드리고 있었다/바같으론 몇 군데 장미꽃이 피어 있었다
(중략)
먼지라곤 조금도 찾아 볼 수 없었다
딴 나라에 온 것 같았다/자주 드나들면서
매끈거리는 의자에 앉아 보기도하고 과자조각을 먹으면서 탁자
위에 뒹굴기도 했다,
고두기(경비원)한테 덜미를 잡혔다/덜미를 잡힌 채 끌려 나갔다
거기가 어딘줄 아느냐
〈안치실〉 연거푸 머리를 쥐어 박히면서 무슨 말인지 몰랐다.
                                    - 〈아데라이데〉

　시적 자아는 "반쯤 열"린 출입문 안으로 들어간다. 이때 들어감은
시적 자아가 의도한 것이 아니다. 우연한 들어감이다. 그곳에서 시적
자아는 출입문 안을 일시적으로 경험한다. "하늘색 커튼", "장미꽃"이
있고 "먼지라곤 조금도 찾아 볼 수 없는" 출입문 안은 시적 자아가 아
무 방해도 받지 않고 "과자조각을 먹으면서 탁자 위에 뒹"구는 평온과
만족을 느꼈던 공간이다. 그곳에서의 평온과 만족은 출입문 밖에서
시적 자아가 한 번도 경험해 본 적이 없는 것이다. 그러나 시적 자아
가 경험한 것은 "딴나라"가 아니다.　시적 자아가 마치 "딴나라에 온
것 같"이 느낀 곳은 "딴나라"와 유사한 곳일 뿐이다.
　"딴나라"의 실체는 "안치실"의 세계이다. 즉 죽음의 세계이다. 김종
삼 시에서 시적 자아가 회상하는 만족의 기억은 죽음을 유사하게 체
험한 데서 기인한다. 시적 자아는 죽음의 세계를 의식의 차원에서 실
제로 경험한 적이 없다. 시적 자아는 "안치실"을 지향하면서도 "안치

실"이 무슨 말인지 모른다.

"고두기"는 시적 자아가 죽음의 세계로 진입하는 것을 가로막는 존재이다. "고두기"는 죽음이라는 실재계를 향하는 시적 자아의 무의식적 욕망을 통제하는 역할을 한다. "고두기"는 시적 자아를 출입문 밖의 현실세계로 내쫓는다. "고두기"의 "거기가 어딘 줄 아느냐"라는 호통은 무의식을 억압하는 금제의 목소리에 해당된다. 이러한 "고두기"는 시적 자아가 인간의 기본적 조건에서 이탈하는 것을 막아 주는 존재다. 실재계를 직접적으로 경험한다는 것은 현실세계 또는 의식 세계로부터의 '자기 소멸'을 의미하기 때문이다. 그러나 인간의 실재계를 향한 무의식적인 욕망은 인간의 몸에 흩어져 있는 성감대와 같다.228) 그래서 억압을 우회해 끊임 없이 실재계를 향한다. 그것은 시적 자아가 실재계와 유사한 공간을 반복해서 환기하는 것을 통해 나타난다.

김종삼 시에서의 유년 공간은 시적 자아가 실재계를 대리로 체험하는 공간이다. 그러므로 시적 자아는 유년 공간에 결여된 실재계를 거듭 확인한다.229) 이러한 '결여 확인'은 김종삼 시의 시적 자아가 반복해서 실재계를 향한 여정에 오르게 한다. 그러나 김종삼 시의 시적 자아는 실재계와의 거리를 좁히지 못한다. 시적 자아는 실재계로의 합

---

228) 박찬부, 『라캉 : 재현과 그 불만』, 문학과지성사, 2006. p.209.
229) 라캉은 실재계에서 떨어져 나온 상징계의 결여물을 '대상 a'라고 말하고 이것이 이물질과 같은 기억으로 의식 세계를 떠돌며 의식 세계에 출몰한다고 말한다. 무의식적인 욕망은 '대상 a'를 거머쥘 수 있을 때에만 해소될 수 있다. 그런데 '대상 a'란 상징계의 기표로는 불완전하게 표상될 수밖에 없으므로, 욕망이 현실 속에서 얻는 것은 '대상 a'의 모방품일 뿐이다. 그러나 욕망은 그 모방품을 소유하면 소유할수록 결핍과 불만족에서 오는 갈증에 허덕일 뿐이다. 따라서 욕망은 '대상 a'를 모방하는 한 기표에서 다른 기표로 덧없는 여행을 계속 할 뿐이다. 상징계에 결여된 것으로서의 실재계의 '대상 a'가 여행의 원인이며 지향점이 되는데, 김종삼 시에서는 '문 앞'이 바로 그 결여의 지점이 되며 '대상 a'가 떨어져 나오는 입구로서의 의미를 지닌다. 서동욱, 「라깡과 들뢰즈」, 『라깡의 재탄생』(김상환·홍준기 편), 창작과비평사, 2002. p.422.

일 방법을 알지 못하는 '無知'한 존재일 뿐이다.

그렇지 않은 것도 집기만 하면 썩어 갔다.

　　　　　　　　　　　　　　　　　　　－〈園丁〉

나의 하잘것이 없는 無智는
장 폴 사르트르가 經營하는 煙炭工場의 職工이 되었다.
罷免되었다.

　　　　　　　　　　　　　　　　　　　－〈앙포르멜〉

가까이가 말참견을 하려해도
거리가 좁혀지지 않았다

　　　　　　　　　　　　　　　　　　　－〈샹펭〉

그 자리에만 머물러 있는 사랑하는 사람의 자리
가까이 갈수록 廣闊한 바람만이 남는다

　　　　　　　　　　　　　　　　　　　－〈둔주곡〉

〈園丁〉에서는 시적 자아가 "유리온실" 안 "과실"을 "집기만 하면" 그 것은 썩게 된다. '과일'이 썩는 것은 시간의 질서를 따르기 때문이다. 시적 자아가 손을 대는 순간 더 이상 '과일'은 시적 자아가 집으려던 과일이 아니다. 시적 자아가 시간의 흐름 위에 있는 존재이기 때문이 다. 시적 자아가 손을 대는 순간 '과일'은 더 이상 실재계가 아닌 시간 이 지배하는 현실의 차원의 존재로 변질된다. 실재계는 시간의 흐름 에 지배받지 않는 무시간적인 세계이다. 시간적인 순서에 따라 어떤 과정이 이루어지거나, 어떤 것이 변하지도 않는다.[230] 따라서 실재계 에 속한 "과실"은 썩지 않는다. 그러나 시적 자아가 만지는 '과일'은 실

---

230) 지그문트 프로이트, 윤희기 · 박찬부 역, 『정신분석학의 근본 개념』, 열린책
들, 2004. p.190.

제1부 한국 현대시의 '경물' 연구 ▌ *133*

재계의 대리물일 뿐이다. 〈앙포르멜〉에서도 마찬가지이다. 시적 자아가 "장 폴 사르트르가 經營하는 煙炭工場의 職工"이 되는 순간 "煙炭工場"은 더 이상 시적 자아가 지향하던 석탄 공장이 아니다. 시적 자아가 실재계로부터 계속 "罷免" 당하기 때문이다.

시적 자아는 실재계로의 완전한 합일을 모르는 무지한 존재이다. 〈샹펭〉에서처럼 "가까이가 말참견을 하려해도" 말을 건네지 못하는 불완전한 존재이다. 그래서 시적 자아는 의식 세계에서 무엇인가 빠져나갔음을 '썩음/파면/거리/바람'으로 반복 확인한다. 이때 '과일/煙炭工場/사랑하는 사람의 자리'는 의식의 세계에서 "遁走"하는 것들이다. 즉 의식 세계에서 결여된 것들이다. 김종삼 시에서의 시적 자아는 의식 세계에서 결여를 반복 확인하고, 그것을 찾아 다시 실재계를 지향하는 태도를 가진다. 이러한 태도는 무의식적인 욕망의 반영된 것이다. 그러므로 김종삼 시의 경물은 무의식적인 욕망이 지속적으로 실재계를 지향하는 태도로 표상한 시적 대상이다. 이를 가장 잘 드러내는 시가 다음의 〈돌각담〉이다.

廣漠한地帶이다기울기
시작했다잠시꺼밋했다
十字架의칼이바로꼽혔
다堅固하고자그마했다
흰옷포기가포겨놓였다
돌담이무너졌다다시쌓
았다쌓았다쌓았다돌각
담이쌓이고바람이자고
틈을타黃昏이잦아들었
다포겨놓이던세번째가
비었다.

　　　　　　　　　　　　　　　　– 〈돌각담〉 전문

돌담을 쌓는 행위를 시적 자아는 반복한다. 돌담을 쌓을수록 그곳은 "십자가의 칼"처럼 "견고"한 공간에 가까워진다. 돌담을 쌓는다는 것은 십자가의 칼과 같은 균열 없는 실재계를 향한 의지의 표현이다. 그러나 돌담을 쌓는 행위는 마지막에는 "세번째가 비었다"라는 결여를 남긴다. 돌담을 쌓아 만든 공간은 그것이 완성되는 순간 다시 완성된 공간과 유사한 결여를 지닌 공간이 된다.231) 김종삼 시의 시적 자아는 결여에 반응하는 존재이다. "세 번째가 빈" 틈으로 완전한 충일을 잊지 못하는 무의식적 욕망을 발현하는 주체다. "돌담"을 쌓는 과정은 그러한 행위로 이루어질 또는 가까워질 어떤 완벽한 세계를 향한 시적 자아의 무의식적 욕망이 발현되는 과정이다. 그러나 시적 자아가 나타내는 것은 그것의 결여가 인식되는 순간 실재계의 대리물에 불과한 것이 된다.

김종삼 시의 시적 자아는 실재계를 현현할 수 없는 '무지'한 존재다. 그래서 '실재계 현현-결여인식-실재계소멸'의 여정을 반복하는 존재다. 〈걷자〉, 〈길〉, 〈꿈이었던가〉 등의 작품에서 빈번하게 나타나는 시어 '다시'가 상징하듯 반복 순환의 여정을 '다시'하는 존재인 것이다. 따라서 김종삼 시의 시적 자아는 자기개진을 통해 성장하는 것과는 거리가 멀다.

김종삼 시의 시적 자아는 현실의 합목적적인 질서로부터 이탈해 현실의 논리가 개입되지 않는 대상들을 본다. 이때 대상들은 시적 자아가 자신의 의식으로 분명하게 이해하고 설명할 수 있는 것이 아니다.

---

231) 김종삼 시 시적 자아가 현현된 공간에서 결여를 인식하는 것은 그곳에서 누군가 다른 곳으로 '앞서가고 있었다'라는 것을 인식하는 것으로 잘 나타난다. 가령 "한 모퉁이에 자근 발자국이 나 있었다."(〈해가 머물러 있다〉), "한 사람이 앞장서 가고 있었다."(〈샹뼁〉), "한 사람이 그림처럼 앞질러 갔다."(〈스와니汇이랑 요단汇이랑〉), "그는 / 앞서 가고 있다."(〈스와니汇〉)등과 같이 '앞장서 사라진 한사람의 결여'가 인식되는 순간, 눈앞에 현현된 공간은 충일의 지대와 유사한 것에 불과한 것이 된다. 시적 자아는 다시 다른 공간을 지향한다. 그래서 김종삼 시에는 '실재계 현현 -결여 인식-실재계 소멸-실재계 현현'의 내용 구조가 반복된다.

그것은 의식의 차원 이상의 의미 영역을 가진 시적 대상이다. 그러므로 김종삼 시의 경물은 의식의 세계를 넘어 무의식의 세계로 확대된 의미를 갖는 시적 대상이다. 시적 자아는 이러한 경물의 실재를 의식의 세계로부터 자기를 지양하는 태도를 통해 나타낸다.

3) 생경한 대상 표상

김종삼 시의 경물은 과거적이며 환상적인 성격을 띤다. 김종삼 시의 경물은 잠재되어 있던 과거적인 것이다. 이러한 경물은 그것과 유사한 현재와의 우연한 마주침을 통해 나타난다. 그러므로 과거적인 경물들은 비자발적이고 비의도적인 기억에 의해 환기된다. 그러나 과거는 환기되는 순간 결여된다. 이때 결여물은 순수 과거의 한 단편으로서, 그것은 현재의 지각으로도 안 보이고, 자발적 기억으로도 환원되지 않는다는 점에서 이중으로 환원이 불가능한 것이다.[232] 순수 과거는 의식 이전, 경험 이전의 무의식의 세계로서의 실재계이다. 순수 과거를 지향하는 존재는 무의식적 욕망의 주체이다.

무의식적 욕망의 주체는 실재계가 결여된 자리를, 실재계의 대리물로 보충한다. 실재계와 간접적으로 만나는 방식이다. 이러한 간접적 관계 맺기의 방식을 라캉은 환상이라고 말한다. 환상은 결여를 인식한 무의식적 욕망의 주체가 실재계와의 직접적인 만남을 지연시키면서 간접적으로 맺는 관계의 방식이다.[233] 따라서 환상은 무의식적 욕망이 표상하는 실재계의 대리물이다. 실재계 대리물로서의 환상 풍경은 현실의 질서에서 이탈한 특이성을 지닌다.

김종삼 시의 시적 대상이 가지는 환상은 일반적인 통사 구조가 파괴된 언어 형식으로 나타난다. 그래서 시적 대상의 기의는 기표에 대

---

232) 질 들뢰즈, 김상환 역, 『차이와 반복』, 민음사, 2004. p.274.
233) 김상환, 「라깡과 데리다」, 김상환·홍준기 편, 『라깡의 재탄생』, 창작과 비평사, 2002. p.530.

응해 확고부동해지는 것이 아니라 기표를 넘어 지연되고 확장된다. 이러한 김종삼 시의 경물은 일반적인 언어질서에서 이탈한 생경한 시적 대상이다. 〈쑥내음 속의 동화〉는 김종삼 시에 나타난 생경한 대상이 갖는 환상의 연원과 특징을 잘 보여주는 작품이다.

> 선율은 하늘 아래 저 편에 만들어지는 능선 쪽으로 날아갔고
> 내 할머니가 앉아 계시던 밭 이랑과 나와 다른 사람들과의 먼 거리
> 를 만들어 주기도 하였다
> 모기쑥 태우던 내음이 흩어지는 무렵
> 이면 용당패라고 하였던 해변가에서
> 들리어 오는 오래 묵었다는 돌미륵이 울면 더욱 그러하였다.
> 자라나서 알고 본즉 바닷가에서 가끔 들리어 오곤 하였던 고동소리를
> 착각하였던 것이다.
>
> ―이때부터 세상을 가는 첫출발이 되었음을 몰랐다.
> ― 〈쑥내음 속의 동화〉

김종삼 시에서 시적 자아가 결여를 인식하는 주요 방식은 소리의 호명에 응하는 것이다. 소리는 시적 자아가 속한 현실의 공간 너머에서 연원하는 소리이다. 현실에서 결여되어 있는 결여물이다. 가령 "연인의 신호처럼 동트는 곳에서 들려오는"(〈동트는 地平線〉) "나무의 근본으로서의 밑둥에 명중되는"(〈피카소의 洛書〉), "지상에서는 바보가 된 나에게도 무슨 신호처럼 보내져 오"(〈소리〉)는, "하늘을 파헤치고 들려오는"(〈라산스카〉) 소리이다. 시적 자아의 무의식적 욕망은 결여물로서의 소리에 이끌린다. 소리는 시적 자아가 현실 너머의 세계를 바라보는 이유가 된다. 시적 자아가 "세상을 가는 첫출발"은 소리 때문인 것이다.

소리가 들리는 쪽은 과거이다. 시적 자아는 소리가 들리는 쪽으로 간다. 그런데 시적 자아가 듣는 소리는 실제로는 "돌미륵이 우는 소리"

가 아니다. "고동소리"를 착각한 것이다. 따라서 시적 자아는 "돌미륵이 우는 소리"를 의식 세계에서 들어본 경험이 없는 것이다. "돌미륵이 우는 소리"는 선험 세계에서, 즉 기억 밖 무의식의 세계에서 들려오는 소리이다. 때문에 그것은 경험 세계의 기표와 기의 관계로는 나타나지 않는다. 다만 대리물인 "고동소리"를 통해 불완전하게 기표화할 뿐이다. "고동소리는" "돌미륵이 우는 소리"의 환상이다.

환상은 현재에서 결여된 순수과거의 "고동소리"를 간접적으로 만나는 형식이다. 환상이 발생하는 연원에 "착각"이 있다. 환상은 "고동소리"를 "돌미륵이 우는 소리"로 "착각"하는 데서 시작된다. "착각"임을 깨닫는 순간은 시적 자아가 "돌미륵 우는 소리"의 결여를 확인하는 순간이 된다. 그리고 시적 자아가 다시 기표 너머 소리의 세계를 향해 출발하는 지점이다. 기표화가 불가능한 기억 이전의 세계로 향하는 시적 자아는 그것을 완전하게 표상하는 것이 "착각"임을, 그래서 미완성일 수밖에 없음을 반복해서 깨닫는다.

김종삼 시의 시적 자아는 의식 너머의 세계에서 자신을 바라보는 눈, 즉 '응시'를 인식하는 존재이다. 그래서 '나'가 대상을 보는 것이 아니라 시적 대상이 '나'를 보고 있다는 의식의 역전 현상이 일어난다. 시적 대상이 '나'를 보는 주체로 치환된다. 그러므로 시적 자아는 대상을 완전하게 규명할 수 있는 존재가 아니다. 시적 자아는 다만 '나'를 바라보는 대상을 기표화할 수 있을 뿐이다. 그러나 이때 기표는 기의와 정상적인 관계를 가지지 못한다. 다만 불완전한 기표로 대상을 형상화 할 뿐이다. 그러므로 김종삼 시의 경물은 통사 파괴적인 기표와 기의의 관계망에 의해 표상된 생경한 시적 대상이 된다.

실재계는 "착각"을 통한 환상이라는 대리 보충물로서 현현된다. 이때 대상을 보는 시적 자아는 의식의 논리로부터 자유로운 존재이다. 즉 정신의 생리와 세속에 대한 초월로부터 형성되어진 자유해탈의 허광방달한 상태를 통해 대상의 아름다움을 경험하는 존재이다. 이때 시적 대상은 그 자체가 아름다움을 드러내는 주체가 된다. 이러한 아름다움은 생경하고 전율적인 대상의 실재이다.[234) 그러므로 김종삼 시의 경물은 의식 세계의 관습적인 의미를 이탈해 갑작스럽게 등장하는 전율적인 실재를 가진다.

라산스카/늦가을이면 광채 속에/기어가는 벌레를 보다가//
라산스카/오래되어서 쓰러져가지만/세모진 벽돌집 뜰이되어서
— 〈라산스카〉(수록1)

미구에 이른 아침/하늘을 파헤치는/스콥소리//
하늘 속/ 맑은/변두리/새 소리 하나/물방울 소리 하나
마음 한 줄기 비추이는/라산스카
— 〈라산스카〉(수록2)

바로크 시대 음악 들을 때마다/팔레스트리나 들을 때마다
그 시대 풍경 다가올 때마다/하늘나라 다가올 때마다
맑은 물가 다가올 때마다/라산스카
— 〈라산스카〉(수록3)

집이라곤 비인 오두막 하나밖에 없는/草木의 나라//
새로 낳은 /한 줄기의 거미줄처럼/水邊의
라산스카
— 〈라산스카〉(수록5)

김종삼은 〈라산스카〉라는 동일한 제목의 시를 여섯 번 게재한다. 이 중 두 번은 '수록2'의 〈라산스카〉 1연과 2연을 나누어 발표한 것이었다. 여섯 번이나 발표되었음에도 불구하고 시인이 만든 조어일 가능

---

234) 전율은 비동일적인 것의 나타남인데, 예술작품이란 전율의 모방이다. 또한 전율은 문학의 자기준거적인 특성이다. 칼 하인츠 보러, 최문규 역, 『절대적 현존』, 문학동네, 1998. pp.165-168.

성이 높은 "라산스카"가 의미하는 것이 무엇인지는 공백으로 남아 있다. "라산스카"라는 기표만 제시되어 있고 기의는 부재한다. 그래서 기표가 제시되는 방식 또는 표상되는 방식 자체가 기의를 생성하는 것이 된다.

"라산스카"는 시적 자아의 주관으로 동일화되지 않는다. 시적 자아가 대상을 객관 표상하는 방식으로 "라산스카"는 나타난다. 그때 "라산스카"는 전후의 상관관계 없이 불쑥 나타난다. '갑자기 기어가는 벌레를 보다가, 하늘을 파헤치는 스콥소리 또는 음악을 듣다가' 나타나야 될 이유가 생략된 채 "라산스카"는 부지불식간에 표상된다. "라산스카"의 나타남은 생경하고 낯선 전율적인 나타남이다. 현실 세계의 기표와 기의의 원리로는 포착되지 않는, 즉 문학 외적인 것으로는 환원되지 않는 유일무이한 나타남이다. 이러한 "라산스카"는 역사적, 사회적 진리를 나타내는 것이 아니라 현실 논리와 절연한 순수미를 현현한다. 그래서 "라산스카"는 "한 줄기의 거미줄처럼/水邊의" 어딘가에서 "새로 낳은" 대상으로 표상된다.

이러한 김종삼 시의 경물은 보편적인 통사구조를 해체해 표상됨으로써 파편적이고 분절적으로 나타난다. 〈오동나무가 많은 부락입니다〉가 대표적인 경우이다.

> 오동나무가 많은 부락입니다.//
> 어머니의 배−ㅅ속에서도/보이었던/세계를 받던 그해였던
> 보기에 쉬웠던/추억의 나라입니다
>
> 누구나,/모진 서름을 잊는 이로서,/오시어도 좋은 나무
> 오래되어 응결되었으므로/구속이란 죄를 면치 못하는
> 이라면 오시어도 좋은/오동나무가 많은 부락입니다.
>
> 그것을,/씻기우기 위한 누구의 힘도/될 수 없는/깊은
> 빛깔이 되어 꽃피어 있는/시절을 거치어 오실수만 있으면

오동나무가 많은 부락이 됩니다.

수요 많은 지난 날짜들을/잊고 사는 이들이 되는지도 모릅니다//
그 이가 포함한 그리움의/잇어지지 않는 날짜를 한번
추려주시는, 가져다/주십시오.
　　　　　　　　　　　　　　　－ 〈오동나무가 많은 부락입니다〉

　“오동나무 부락”은 “어머니 배-ㅅ속에서 보이었던” 세계이다. “어머
니 배-ㅅ속”의 대상들은 유기체의 일부로 종속되기 전의 부분들이
다. “어머니 배-ㅅ속”은 무엇이든 될 수 있는 가능성의 세계이며 그
자체가 완전한 충족의 세계이다. 그리고 의식 이전의 무의식 세계이
다.235)

　“어머니의 배-ㅅ속”에서 보이었던 “오동나무 부락”은 의식 이전의
것이다. 현실 질서, 의식의 질서에 따라 완성되는 유기체의 일부로
“구속”되기 전의 것이다. 인간의 무의식적인 욕망은 의식 이전 세계로
의 합일을 지향한다. 의식 이전의 세계는 완전한 세계이며, 경험 이전
의 세계인 실재계이다.

　실재계로서의 “오동나무 부락”은 의식 영역의 기표와 기의의 관계
로는 표상할 수 없는 세계이다.236) 다만 대체물로서의 “오동나무 부
락”을 표상하는데, 이때 표상 방식으로 작용하는 것이 환상이다. “原色
으로 돌아가기 위하여 勞苦의 幻覺”(〈原色〉)을 작용시키는 것이다.

　시적 자아의 무의식적 욕망에 관련되어 나타나는 환상 풍경은 기존
의 기의에서 이탈한 기표로 드러난다.237) 이때 시적 대상은 관습적인

---

235) 무의식 세계는 현실에서는 양립 불가능한 것들까지도 조합시키는 완전한
　　세계이다. 우노 구니이치, 이정우·김동선 역, 『들뢰즈, 유동의 철학』, 그린 비,
　　2008. p.153.
236) 라캉은 실재계란 상징계의 차이의 질서에 따르는 기표로는 표상 불가능한,
　　즉 문자로 씌어 질 수 없는 것이라고 말한다. 최용호, 「라깡과 쏘쉬르」, 『라
　　깡의 재탄생』(김상환·홍준기 편), 창작과 비평사, 2002. p.242.
237) 박찬부, 윤희기·박찬부 역, 『정신분석학의 근본개념』, 열린책들, 2003. p.153.

기의를 이탈한 낯선 것이 된다. 이러한 낯섦은 불완전한 기표 사용이나 통사구조가 파괴된 진술로 김종삼 시에서 빈번하게 나타난다. 가령 "그것을 씻기우기 위한 누구의 힘도 될 수 없는 깊은 빛깔"이나 "오시어도 좋은 나무"처럼 기의가 대응되지 않는 불안전한 기표나 또는 "가져다 주십시오", "추려주시는"라는 것처럼 목적어를 빠뜨린 서술어를 사용하는 경우이다. 그래서 "오동나무 많은 부락"의 대상들은 생경한 것이 된다.

김종삼 시의 시적 자아는 대상을 해석하고 이해하는 데까지 나아가는 것이 아니라 대상 그 자체를 보는 것에 멈춰 있다. 이때 대상의 의미는 시적 자아가 아닌 대상에게서 생성된다. 그러므로 대상의 의미를 나타내는 것은 시적 자아의 눈이 아니다. 시적 자아를 바라보는 대상의 눈이다. 라캉은 이같이 대상에게서 오는 눈길을 응시라고 한다. 응시는 내가 타자의 장에서 생산해 낸 것이다.238) 그래서 응시는 시적 자아가 보는 것이 아니라 바라보이는 존재가 되는 관계 역전의 생경한 풍경을 나타낸다.

김종삼 시의 대상 표상의 특이성은 이런 응시를 바탕으로 한다. "非詩일지라도 나의 職場은 詩이다"(〈制作〉)라는 역설적 진술에서 암시하듯, 언어 아닌 언어를 쓰는 비문법적인 진술과 같은 로고스의 범주를 넘어선 부정성의 언어239)에 의한 생경한 대상 표상은 응시 풍경인 것이다. 응시에 의한 대상 표상이라는 김종삼 시의 특징이 가장 잘 드러나는 작품 중의 하나가 〈문짝〉이다.

---

238) 자크 라캉, 맹정현·이수련 역, 『자크 라캉 세미나 11권 – 정신 분석의 네 가지 근본개념』, 새물결, 2008. p.133.
239) 아도르노는 이 같은 언어를 고통의 언어라 말한다. 새로운 예술의 부정성은 공식적인 문화로부터 축출된 것들의 총괄개념으로, 새로운 예술은 부정적으로 자신을 반영하면서 그것의 힘이 사라지기를 바란다. 이러한 것이야말로 어두워진 객관적 상황에 대한 진정한 현대예술의 입장이라는 것이다. T·W 아도르도, 홍승용 역, 『미학이론』, 문학과지성사, 1984. pp.40-43.

나는 옷에 배었던 먼지를 털었다.

이것으로 나는 말을 잘 할 줄 모른다는 말을 한 셈이다.

작은 데 비해

청초하면서 손댈 데라고는 없이 가꾸어진 초가집 한 채는

〈미손〉계, 사절단이었던 한 분이 아직 남아 있다는 반쯤 열린 대

문짝이보인 것이다

그 옆으론 토실한 매 한가지로 가꾸어 놓은 나직한 앵두나무 같은

나무들이 줄지어 들어가도 좋다는 맑았던 햇볕이 흐려졌다

이로부터는 아무데구 갈 곳이란 없이 되었다는 흐렸던 햇볕이 다시

맑아지면서,

나는 몹시 구겨졌던 마음을 바루 잡노라고 뜰악이 한번 더 들여

다 보이었다.

그때 분명 반쯤 열렸던 대문짝.

                                                          – 〈문짝〉 전문

　"나"가 "구겨졌던 마음을 바루"잡는 것은 대문의 우연한 "반쯤" 열림 때문이다. '반쯤 열린 대문'은 시적 자아가 "먼지"가 묻은 문 밖의 존재이며, 그래서 "말을 잘 할 줄 모르"는 불완전한 존재라는 것을 "말"하게 한다. '반쯤 열린 문'을 통해 환기되는 '문 안'의 세계는 '문 밖' 세계의 결여물이다. 반쯤 열린 정도의 결여가 '문 밖' 세계에 발생한 것이다. 이때 '문 안'의 세계는 "청초하면서 손댈 데라고는 없이 가꾸어진" 완전한 세계인 실재계이다. 응시는 현실 세계에서 실재계가 떨어져 나감으로써 생기는 결여 그 자체이다. 그래서 응시는 실재계의 한 단편이며, 동시에 시적 자아를 바라보는 통로이다. 응시는 시적 자아를 바라보이는 존재로 만들어 시적 자아와 대상 간의 관계를 역전시키면서 시적 자아가 무의식적 욕망을 추동하게 만든다.[240] 이런 관계 역전을 통해 표상되는 풍경은 진술들의 분절적인 연속을 통해서 나타난다.

---

240) 주은우, 『시각과 현대성』, 한나래, 2003. p.80.

"맑았던 햇볕이 다시 흐려"지고, "흐렸던 햇볕이 다시 맑아지"는 구절과 같은 부자연스런 진술들의 연속으로 표상되는 응시 풍경은 애매모호하고 불투명하다. 응시는 무의식의 풍경으로서 기표간의 차이를 따라 끊임없이 이동하면서 비결정적으로 드러나기 때문이다.[241]

'반쯤 열린 것으로서의 문'은 그 너머의 세계를 불투명하게 현현하는 환상이라는 스크린으로서 작용한다. '반쯤 열린 것으로서의 문'이라는 스크린에 나타나는 풍경은 기하학적 원근법에서 나타나지 않는 애매모호함과 변화무쌍함을 가진 풍경이다.[242] 이러한 풍경은 인과적 계기에 의해 필연적으로 나타나는 것이 아니라 부지불식간에 현현된다. 우연히 갑작스럽게 문이 열린 "그때" 표상된다. 비의도적으로 제시되는 대상 풍경은 주체의 목적 의지와는 상관없이 대상 그 자체에 의해서만 나타나는 아름다움, 즉 순수미를 지닌다.[243] 이는 시적 자아가 자기 의지를 완전히 망각하고 오로지 대상만이 있는 것처럼 대상을 바라보는 태도를 바탕으로 한다. 따라서 대상에 현현되는 아름다움은 현실 문제가 틈입되지 않은 순수한 아름다움이다.

---

241) 자크 라캉, 맹정현·이수련 역,『자크 라캉 세미나 11권 – 정신 분석의 네 가지 근본개념』, 새물결, 2008. p.315.

242) 이러한 변화무쌍함을 경험하는 것은 동양 예술에서는 주객이 개념화, 분리화되기 이전의 총체적 애매성을 경험하는 것이며 기가 혼융하는 것에 해당된다. 장자에게 있어서 이러한 자리는 '혼돈' 혹은 '무'로 기표화된다. 이성희, 「동아시아 서정 미학의 존재론적 토대」, 최승호 편,『21세기 문학의 동양시학적 모색』, 새미, 2001. p.201.

243) 자크 데리다, 김보현 편역,『해체』, 문예출판사, 1996. p.477.

식민지 시기부터 한국 현대시의 시적 자아 대부분은 주관성이 강하게 반영된 목소리로 대상을 표상했다. 외부 현실 문제와의 대응 관계, 그리고 그것과 관련된 내적인 고민 등이 침윤돼 있는 시적 자아의 목소리는 시적 대상을 시적 자아의 정서 또는 사상을 전달하기 위한 것으로 도구화한 것이다.[244]

이는 시적 자아가 주체의 위치에서 중심을 설정하고 그것을 기준으로 대상의 실재를 표상하는 태도이다. 이때 시적 대상은 시적 자아의 논리로 동일화되는 대상이 된다. 달리 말해서 시적 자아 앞에 불러 세워져 시적 자아의 의도로 재구성되는 객체이다. 그러므로 시적 자아가 이해할 수 있는 이해의 범주를 벗어난, 즉 시적 자아가 설명할 수 없거나 볼 수 없는 대상 자체의 고유한 모습은 포착되지 않는다. 대상은 시적 자아가 가지고 있는 정서 또는 사상으로만 의미화될 수 있는 수동적인 존재에 가깝다. 시적 대상이 모습을 나타내고 의미화되는 중심에는 시적 자아의 목소리가 자리 잡고 있다. 그러므로 시적 대상의 의미는 시적 자아를 기준으로 한 원근감에 의해, 즉 원근법적 질서에 의해 생성된다.

한국 현대시에서 시적 대상의 객체화는 전통적인 것, 고유의 것을 부정하고 새로운 것을 지향하는 피식민지 주체의 태도와 관련된다. 식민지 조선의 근대는 고유 문화에 대한 열등의식을 강요하는 시기였다. 현재 또는 모더니티 앞에 조선의 과거 또는 전통은 계몽되고, 훈

---

244) 한국 현대시의 시적 자아는 식민지 시기에는 민족과 국가에 대한 갈구와 동경의 태도, 식민지 시기 이후에는 사회적 정치적 국가이데올로기에 대한 민감한 반응의 태도를 보여준다. 이는 민족문학의 가능성에 대해 적극적이고 경도된 경향을 보여준다는 점에서 공통된다. 이승복, 「전후 한국시의 화자 연구」, 『한국문예비평연구』7, 한국현대문예비평학회, 2000, p.60.

화되어야 할 객체였다. 식민지 근대의 사유에는 주체 대 객체, 또는 현재 대 과거라는 위계적 이분법적 사유가 작동된다. 이러한 사유는 시적 자아와 대상 간의 관계가 주체와 객체의 수직적 관계로 강화되는 것으로 시에 나타난다. 피식민지 주체로서의 시적 자아는 자기 정서, 자기 관념의 반영태로서 시적 대상을 도구화한다.

새로운 것을 지향하는 시적 자아는 대부분 시적 대상에게서 전통적인 요소들을 분리시킨다.[245) 전통적인 속성은 대상의 증명되지 않는, 그래서 무지몽매한 이면에 지나지 않는 것으로 치부된다. 시적 자아를 중심으로 한 원근감으로 나타나는 대상의 입체감만이 그것의 실제 모습을 나타내는 것으로 간주한다.[246)

이러한 입체감은 시적 자아의 주관이 만들어 낸 대상의 깊이였다. 즉 있는 그대로의 대상에게서 기인한 것이 아니었다. 이에 대한 자각은 1930년대부터 대두된 한국 현대시의 새로운 시적 진술 방식을 통해 나타나기 시작한다. 종전의 한국 현대시에서 객체의 위치에 머물러 있던 시적 대상을 자율적이고, 자족적인 주체의 위치로 전환시키는 진술 방식이었다. 이는 시적 자아가 근대적, 원근법적 태도에 대해 성찰하는 눈을 가지게 되었음을 의미한다.[247) 식민지 근대의 호명으로 성립된 '근대적 주체'로서의 자신이 간과한 것을 미적으로 인식하기

---

245) 마샬 버먼에 따르면 피식민지적 주체는 자율적 의지보다는 타율적 요소가 많은 식민지 근대화 속에서 피식민지 주체는 자기혐오, 자기부정의 정신으로 자신을 유보시키며 보존한다. 마샬 버먼, 『현대성의 경험』, 현대미학사, 1994. p.283.

246) 가라타니 고진에 따르면 근대 이전의 문학에 〈깊이〉가 결여 되어 있는 것은 근대이전 사람들이 〈깊이〉를 모른다는 것이 아니라 〈깊이〉를 느끼도록 하는 배치를 소유하지 있지 않았기 때문이다. 가라타니 고진, 박유하 역, 『일본 근대 문학의 기원』, 민음사, 1997. p.181.

247) 식민지 조선의 근대 주체에게는 근대적 주체로의 지향이 황국신민을 향하는 것과 겹친다는 원치 않는 요소가 개입된다. 따라서 피식민지 주체의 내부에는 강력한 균열과 갈등이 내포된다. 박태호, 「근대적 주체의 역사 이론을 위하여」, 김진균·정근식 편저, 『근대주체와 식민지 규율권력』, 문화과학사, 1997. p.44.

시작했음을 알려주는 것이다.248) 구체적으로 그것은 시적 대상을 도구적 존재가 아니라 그 자체의 독립적인 존재로 파악하는 미적 태도인 이물관물의 관물 태도였다.249)

이물관물의 태도로 제시한 시적 대상인 경물은 형상을 지니고 있으며, 동시에 형상을 넘어선 이면을 실재로 가진 것이었다. 경물의 실재는 시적 자아의 이해 범주를 넘어선 비의(秘意)이며, 시적 자아는 그것을 언외지의로 나타낸다. 시적 자아 중심에서 시적 대상 중심의 진술방식을 보여주는 1930년대 한국 현대시의 새로움은 경물로서의 시적 대상을 제시한다. 경물은 시적 자아가 이해할 수 있는 범주를 넘어서, 그 의미가 무한 갱신되는 과정 자체를 실재로 삼았다. 이 같은 경물은 "신문학사란 이식문화의 역사"250)라는 구분을 넘어서는 독자적인 한

---

248) 고모리 요이치에 따르면 일본의 후쿠자와 유기치는 『문명론의 개략』에서 기독교 국가를 중심으로 한 서구를 문명국으로 그 밖의 지역을 야만국으로 위계화하고 있는 서구의 만국공법의 논리를 바탕으로, '문명' '반개', '야만'이란 삼극 구조를 만든다. 일본을 '반개'의 자리에 올려놓음으로써 '야만'에 머물러 있는 아시아의 다른 국가들을 이끄는 상대적인 '문명'국가의 지위를 일본이 확보하는 구조가 되게 한다. 이는 서구와 일본 사이의 위계구조를 그대로 일본과 아시아의 다른 국가들 사이로 전이시킨 것이었다. 주체와 타자라는 위계질서 구조는 그대로 놔둔 채, 위치만 이동하는 것이었다. 마찬가지로 일본 제국주의와 식민지 조선 또는 근대와 봉건 조선의 위계구조, 즉 중심과 부심, 선과 악, 이성과 비이성 등의 이분법적 위계구조를 식민지 조선인은 자기 내부로 전이 시킨다. 고모리 요이치, 송태욱 역, 『포스트콜로니얼: 식민지적 무의식과 식민주의적 의식』, 삼인, 2002. p.35.

249) 이물관물의 도가적 태도와 함께 한국 시학의 중요 태도중의 하나인 이아관물의 유가적 태도는 인간 중심적 사고였지만, 이 또한 이물관물의 태도와 마찬가지로 자연과의 유대성, 상호성을 중시하는 하는 것이었다. 윤사순에 따르면 유가에서의 자연은 생명을 유대로 하여 인간과 불가분의 관계를 가진 것으로 다만 시대의 변화에 따라 그 존재와 운행에 대한 설명을 달리할 뿐이었다. 그런데 서구의 근대과학의 무력은 유가적 자연관을 무너뜨리고, 자연을 도구나 기계로 이용할 무생명적 물체로만 인식하게 한다. 윤사순, 「유학의 자연철학」, 한국사상연구회 편, 『조선유학의 자연철학』, 예문서원, 1998. pp.58-62.

250) 임화, 임화문학예술전집 편찬위원회 편, 『문학의 논리』, 소명출판, 2009, p.653.

국 시의 미학이 한국 현대시에 계승 발전되고 있음을 말해주는 것이
라는 점에서 주목된다.

　한국 현대시에서 경물을 표상하는 이물관물의 시 쓰기 태도는 정지
용과 김광균 그리고 백석, 박용래, 김종삼의 시와 시론을 통해서 두드
러지게 나타난다. 이는 다음과 같은 글들을 통해서도 살펴볼 수 있다.

　　詩人은 완전히 자연스런 姿勢에서 다시 跳躍할 뿐이다. 優秀한 傳
　統이야말로 跳躍의 발디딘 곳이 아닐 수 없다.[251]

　　‘形態의 思想性’을 통하여 造型 그 자체가 하나의 사상을 대변하
　고 나아가 그 문학에도 어느 정도의 변화를 일으키는 데까지 갈 것
　도 생각하고 있다.[252]

　　“나의 이미지의 관조의 시간을 보내기를 더 소중히 여기고 있는
　것이 사실이다. ……나는 릴케가 말한 새로운 언어개념에 대해서
　경건히 머리를 수그리는 기쁨을 오늘에 이르기까지도 잊어버리지
　않고 있다.[253]

　　구태여 자성(自省)을 한다면 소도구를 나열한 듯한 이른바 점묘
　와 소묘적인 시형을 벗어나지 못한 아쉬움과, 스스로 추구하는 시
　의 세계이기는 하나,……고답적인 취향이 불만이라면 불만입니
　다.[254]

　정지용이 말하는 ‘우수한 전통’은 시인이 장식적인 것을 버리고 ‘자
연적인 자세’로 시를 쓰는 것이었다. ‘자연적인 자세’는 이물관물의 태

251) 정지용, 「시의 옹호」, 「시의 옹호」, 『정지용 전집-산문』, 민음사, 2003. p.126.
252) 김광균, 「서정시의 문제」, 『인문평론』, 1940. 5.
253) 김종삼, 「의미의 백서」(『한국전후문제집』, 신구문화사, 1964)를 권명옥 편의
　　『김종삼 전집』(나남출판, 2005) p.297에서 재인용.
254) 박용래, 『우리 물빛 사랑이 풀꽃으로 피어나면』, 문학세계사, 1985. p.73.

도로 시적 대상을 표상하는 것으로 정지용 시에서 구체화된다. 이물관물의 태도는 전통적인 미학의 태도로서 시에서 객관적 표상, 시적 대상의 모습 중시, 대상에 대한 열린 해석의 가능성 등등의 특징을 나타낸다. 이는 위에서 언급한 시인들의 시에서도 대동소이하게 나타난다. "형태의 사상성"(김광균), "이미지의 관조"(김종삼), "점묘와 소묘적인 시형"(박용래)의 시는 대상의 형상을 중시하는 시이며, 시적 자아가 아니라 대상 그 자체로부터 의미 작용이 시작되게 한다는 점에서 공통된다.[255] 그리고 이때 표상되는 시적 대상은 형태 이상의 의미들을 능동적이고 자율적으로 환기한다는 점에서도 유사하다.

한국 현대시에서 경물로서의 시적 대상들은 시적 자아에 의해 그 고유성이 낱낱이 분석되고 밝혀지는 객체가 아니다. 또한 시적 자아의 의도를 전달하기 위한 도구도 아니다. 경물은 경물 그 자체가 목적인 시적 대상이다. 이러한 경물은 '고답적', '전통적', '관조적'인 이물관물의 보기 태도로 제시된다. 한국 현대시에서 이물관물의 보기 태도는 전통적이기에 역설적으로 대상에 대한 새로운 미적인 인식 태도가 된다. 이때 '새로움'은 근대화 과정에서 사장되었던 전대의 전통적 미적 인식 태도와 연계된다. 그리고 그것은 논리나 선언의 수준이 아닌 작품에 미적으로 반영되어 있는 새로움이다. 가령 다음과 같은 시에서 구체적으로 드러난다.

> 자작나무 덩그럭 불이/도로 피어 붉고,//
> 구석에 그늘 지여/무가 순돋아 파릇 하고,//
> 흙냄새 훈훈히 김도 사리다가/바깥 風雪소리에 잠착 하다.//

---

255) 백석은 시론에 해당하는 글들을 쓴 적이 없다. 1950년대 이후 북한에서 쓴 아동문학에 대한 평문들에 한두 문장 시에 대한 언급이 있을 뿐이다. 그러나 그것조차도 시에 대한 이야기보다는 사회주의적 관점에서 아동문학은 어떠해야 하는지를 밝히기 위한 보조적인 내용일 뿐이다. 그래서 결과적으로 백석은 시 작품으로만 그의 시에 대한 생각을 표명하고 있다고 볼 수 있다.

山中에 冊曆도 없이/三冬이 하이얗다

　　　　　　　　　　　　　　　　　　　　　　- 정지용, 〈忍冬茶〉 전문

時計堂 꼭대기서/下學종이 느린 기지개를 키고
白楊나무 그림자가 校庭에 고요한/맑게 게인 四月의 午後
눈부시게 빛나는 유리창 너머로
우리들이 부르는 노래가 푸른 하늘로 날아가고
어두운 敎室 검은 칠판엔/날개 달린 '돼지'가 그려 있었다.

　　　　　　　　　　　　　　　　　　　- 김광균, 〈校舍의 午後〉 전문

　정지용의 〈忍冬茶〉와 김광균의 〈校舍의 午後〉는 모두 시적 대상과 대상이 "—고"의 앞뒤로 대등하게 나열, 병치된다. 이때 병치되는 대상들의 풍경은 시적 자아가 설정한 소실점을 기준으로 삼지 않는다는 점에서 탈원근법적이다. 이는 대상이 중심 의미를 나타내기 위한 도구적 역할을 하기보다는 독립적인 의미를 생성하는 주체적인 역할을 하는 바탕이 된다. 그리고 대상의 고유 의미가 가시적인 모습으로만 확정되는 것이 아니라 가시적인 모습 이상으로 무한해지게 한다.[256)]

　시적 자아는 자신의 목소리를 지양하고 자신을 둘러싸고 있는 대상들을 본다. 이때 시적 대상들은 시적 자아가 다 밝히지 못하고 다 보지 못한 의미를 가진 경물이다. "—고" 앞뒤의 경물들은 선조적, 인과적 질서에서 이탈해 부분의 독립성을 유지하며 전체 풍경을 환기한다. "산山中에 冊曆도 없이/三冬이 하이얗다"와 "어두운 敎室 검은 칠판엔/날개 달린 '돼지'가 그려 있었다"라는 종결부의 의미를 환기시키는 것

---

256) 동양화에서 명암법이나 원근법이 서양보다 소홀했던 것도 실은 가시적 현상을 뛰어 넘어 이면의 무한한 의미를 추상해보도록 하기 위한 것이었다. 이러한 화의(畵意)를 시에도 반영하는 시화일치관은 한시 이해의 중요한 요소이다. 최재철, 『한시문학의 이론과 비평의 실제』, 단국대 출판부, 2005. p.290.

　150　▎한국 현대시의 '경물'과 객관성의 미학

은 경물들 스스로이다. 시적 자아가 아닌 경물을 통해서 의미는 환기된다. 이러한 의미는 경물이 능동적, 자율적인 힘으로 표상하는 경물의 실재이며 고유성이다. 경물의 실재는 "三冬이 하이얗다"나 "날개 달린 '돼지'가 그려 있었다"라는 표상 너머의 부재로서 나타난다. 그러므로 경물의 실재는 확정적이고 선명한 중심으로 모아지는 것이 아니라, 형상으로부터 다시 개방적이고 애매모호해지는 언외지의로 나타난다. 경물의 자율적인 의미 작용은 백석, 박용래, 김종삼 시에서 더욱 심화되어 변주된다.

> 햇빛이 초롱불같이 희맑은데/해정한 모래부리 플랫폼에선
> 모두들 쩔쩔 끓는 구수한 귀이리茶를 마신다
>
> 七星 고기라는 고기의 쩜벙쩜벙 뛰노는 소리가
> 쨋쨋하니 들려오는 湖水까지는
> 들쭉이 한불 새까마니 익어가는 망연한 벌판을 지나가야 한다
> — 백석, 〈咸南道安〉

> 해종일 보리 타는/밀 타는 바람//
> 논귀마다 글썽/개구리 울음//
> 이 숲이 없는 山에 와/뻐국새 울음//
> 駱駝의 등 起伏 이는 됴陵/먼 오디빛 忘却.
> — 박용래, 〈散見〉전문

> 그해엔 눈이 많이 나리었다. 나이 어린
> 소년은 초가집에서 살고 있었다.
> 스와니江이랑 요단江이랑 어디메 있다는
> 이야길 들은 적이 있었다.
> 눈이 많이 나려 쌓이었다.

바람이 일면 심심하여지면 먼 고장만을
생각하게 되었던 눈더미 눈더미 앞으로
한 사람이 그림처럼 앞질러 갔다.
　　　　　　－ 김종삼, 〈스와니江이랑 요단江이랑〉 전문

　백석, 김종삼, 박용래 시에 객관 표상된 대상은 이물관물이라는 전
통 시학의 보기 태도를 바탕으로 한다. 근대적 주체로서의 자아를 소
거시킴으로써, 근대의 논리로는 밝혀지지 않는 새로운 속성을 지닌 대
상을 표상한다. 이러한 시적 대상은 주체 중심적 사고로는 포착할 수
없는 비의를 가진 경물이다. 백석이 보는 "플랫폼", 박용래가 보는 "오
디빛 忘却", 김종삼이 보는 "스와니江이랑 요단江"은 시적 자아의 해석
이 불가능한 고유성을 가진 경물들이다. 경물들의 실재는 시적 자아
의 눈으로부터 "망연한", "먼", "앞질러 간" 형상 너머에서 환기된다. 경
물의 실재는 시적 자아가 자신의 개체성 및 의지를 망각하고 경물에
완전히 몰입하는 방식으로 나타난다.
　경물 앞뒤의 인과적 관계를 지움으로써 경물만의 단독성이 부각된
다. 경물의 단독성은 역사적, 사회적인 현실과 관련된 관습적인 의미
에서 벗어난 낯설고 충격적인 의미를 가진다. 이때 경물은 현실의 특
정한 가치관과는 상관없이 오로지 대상 그 자체만을 집중해서 바라봄
으로써 가능한 순수한 미적 대상이다. 그러므로 경물은 문학 외적인
것으로는 환원되지 않는 문학 고유의 자기 준거적인 미적 드러냄이다.
이는 시적 자아의 주관성으로부터 최대한 벗어나려는 미적 태도의 결
과이다. 그리고 이는 전통과의 연속선상에서 파악되는 한국 현대시의
새로운 요소이다. 백석, 김종삼, 박용래 시의 경물은 이 같은 새로움을
공유하는 바탕에서 각기 개별화되어 심화된다.
　백석 시의 경물은 근대적인 것, 도시적인 것, 새로운 것 우선의 욕
망을 지양하고, 그것이 사장시킨 시적 대상의 독자적인 의미들을 발견
한 것이다. 백석 시에서 경물은 유구함의 줄기를 따라 올라가는 계보

적 상상력으로 표상된다. 이때 경물은 과거의 시간이 축적된 것에서 기인하는 고유함을 가진 것이다. 그래서 백석 시에서 과거로의 지향은 단순한 퇴행의식이 아니라 현재의 실재를 드러내기 위한 방법론이 된다. 가령 "귀이리茶"같은 유구한 시간이 집적된 경물을 통해 현재의 자기를 긍정하는 것이다. 현재의 실재를 유구한 과거와의 연속선상에서 발견함으로써 "귀이리茶"의 의미를 영토의 경계를 넘어선 근원적이고 보편적인 의미로 심화 확대한다. 이러한 탈영토적인 풍경을 표상하는 태도는 백석 시의 시적 자아가 근대, 현재 중심적인 사유로부터 자기를 보존하려는 합목적적인 의지를 표명한 것이다.

박용래 시의 경물은 세속의 삶과 관련되는 이해득실의 욕망을 지양하고 발견하는 시적 대상이다. 이때의 경물은 인간을 기준으로 판단을 내린 대상에 대한 유·무용의 기준을 벗어날 때 나타나는 아름다움을 실재로 가진다. 이러한 경물의 실재를 박용래 시의 시적 자아는 합목적의 의지를 무화시키고 절대 자유를 지향하는 소요의 태도로 표상한다. 즉 시적 자아는 대상에 대한 일체의 주관적 해석 욕망을 버리고, 오로지 대상 그 자체에만 몰두하는 무관심적인 관심의 태도로 대상의 고유한 의미를 나타낸다. 이때 나타나는 박용래 시 경물들은 '散見'하는 시적 대상들이다. 그것은 주체의 실용적인 의도에 의해 의미가 정해지는 것이 아니라, 제각각 독립성을 유지하며 흩어져 자기만의 고유한 역할을 하는 시적 대상들이다. 그러므로 박용래 시의 시적 대상은 시적 자아가 기준이 되는 유용, 무용의 경계를 넘어선 자리에 있다. 이때 박용래 시의 경물은 주로 무용한 것들로 치부되던 "먼 오디빛 망각"에 해당되는 것들이다. 박용래 시는 이러한 경물들을 전경화해서, 미적 의미를 부여한다.

김종삼 시의 경물은 인간의 의식 세계를 지양하고 발견하는 무의식적인 시적 대상이다. 김종삼 시의 시적 자아는 현실의 차원은 물론, 의식 세계로부터도 벗어나고 있다는 점에서 가장 급진적이다. 이러한 시적 자아가 보는 경물은 주객이 분리되기 이전인 선험적 세계에 해당되는 시적 대상이다. 김종삼 시의 경물은 의식 이전의 완전한 세계에 해당되는 실재계에 대한 무의식적 욕망을 구체화한 시적 대상이다. 그러므로 김종삼 시의 경물은 의식의 세계 너머로 무한히 확산되고, 애매모호해지는 아름다움을 보여준다. 이러한 시적 대상은 실재계에 속한 "먼 고장"의 생경한 풍경으로 표상된다. "먼고장"은 "어디메 있다는" 환상으로만 가능한 것인데, 이를 김종삼 시의 시적 자아는 끊임없이 지향하면서 의식의 경계를 넘어선다. 그러므로 김종삼 시의 경물은 '스와니강, 요단강' 같은 환상적인 아름다움을 지닌 시적 대상들이 된다.

V. 결 론

1930년대 일군의 한국 현대시에서 나타나기 시작한 새로운 시적 대상은 시적 자아가 자신의 목소리를 지양하고, 객관적으로 표상한 것이었다. 이러한 시적 대상은 정지용과 김광균의 시에서 두드러지게 나타나기 시작한다. 1930년대 정지용과 김광균의 이미지즘적인 시는 시적 자아의 정서 또는 사상을 부수적인 것으로 하고 대상의 형상 그 자체를 전경화한다. 이는 기존의 한국 현대시의 주체와 객체라는 시적 자아와 대상 간의 관계 구도를 무너뜨린 전복적인 진술 방식이었다. 정지용, 김광균 시에서 객관적으로 표상되는 대상에는 서구의 이미지즘적인 요소와 동시에 전통적인 요소가 혼재했다. 혼재로서의 새로움은 근대를 수용하면서 동시에 근대의 눈으로는 볼 수 없는 것에 주목하고, 그것을 전통적인 보기 방식으로 형상화한 것이었다. 이때 이물관물의 관물 태도가 정지용과 김광균 시의 시적 자아가 취한 전통적인 보기 태도에 해당됐다.

1930년대부터 대두된 한국 현대시의 새로운 시적 대상은 이물관물의 보기 방식으로 표상한 경물이었다. 경물의 실재는 시적 자아와 경물 간의 원근감에 의해서가 아니라 대상들 간의 자율적 관계에 의해 나타났다. 이때 경물은 시적 자아가 다 확인할 수 없는 비의의 신성한 영역을 가진 시적 대상이었다. 또한 시적 자아의 주관과는 별개의 독자적인 의미 영역을 실재로 삼는 시적 대상이었다. 이 같은 경물은 보기를 통해 객관 표상된다는 것, 탈원근법적 보기를 통해 나타난다는 것, 시적 자아와 경물의 관계가 수평적이며 상호적이라는 것, 시적 자아는 경물들의 세계 내에 있다는 것, 경물은 형상을 넘어서는 의미를 실재로 삼으며 그것을 언외지의로 나타낸다는 것 등의 속성을 가졌다.

결국 경물은 이물관물의 태도로 제시되는 시적 대상으로서, 형상을 넘어선 실재를 가진다. 이때 실재는 언외지의이며, 대상 고유의 비의였다. 이러한 경물은 객체화된 시적 대상이 다시 자율성, 능동성을 회복한 것을 의미하는 것이었다. 이러한 경물은 정지용과 김광균 시에서 대두된다. 그리고 또한 백석, 김종삼, 박용래 시에서 심화·분화되어 나타난다.

백석 시에 표상된 경물은 근대의 중심화 논리로부터 이탈하는 변경의 대상들이었다. 백석 시에서 시적 자아의 눈은 근대의 눈이 무가치한 것으로 사장시킨 과거의 것으로 향한다. 이러한 방식은 근대 교육을 받은 지식인이 택한 자기 보존의 의지가 반영된 것이었다. 백석 시의 경물은 해부학적 시선으로는 밝혀지지 않는 전통과 과거를 전경화한다. 백석 시의 경물은 유구한 전통이 축적된 것이었다. 단순히 눈앞에 보이는 것이 아닌 계보적 상상력에 의해 표상되는 유구한 시간을 형상 이상의 비가시적인 실재로 나타냈다. 이때 과거적인 속성은 단순히 근대의 속도에 뒤떨어진 투박한 것이 아니다. 그것은 유구한 시간이 집적돼 있는 비의로서 지속적으로 새롭게 변주되는 경물의 실재였다. 이것이 백석 시의 경물이 가진 새로운 속성이었다.

박용래 시는 서술어의 작용을 최소화하고 체언과 체언이 직접 관계 맺게 하는 방식으로 경물을 표상한다. 시적 자아는 외부의 개입 없이 대상을 그 자체로만 관조하는 무의지적인 보기로 경물을 표상한다. 박용래 시에서 시적 자아는 합목적성과 절연하고 정신의 자유를 느끼며 소요하는 존재다. 그래서 현실적인 가치를 배제한 눈으로 경물의 고유성을 표상한다. 시적 자아는 자기중심의 논리로 유용과 무용을 판단하는 것을 멈춘다. 그리고 경물 자체를 중심으로 삼아 경물 본연의 용도를 구한다. 이때 시적 자아는 '먼' 거리를 일정하게 유지하고 원경으로 경물들을 표상한다. 박용래 시에서 '먼' 거리는 시적 자아의 목소리가 생략된 여백의 지대로 기능한다. 박용래 시의 경물은 이러한 여백을 통해 대상의 실재를 배후적으로 드러낸다. 이때 박용래 시의 경물들은 현실 논리의 기준으로는 대부분 무용한 것들이었다.

김종삼 시의 경물은 무의식과 관련된 시적 대상들이었다. 따라서 의식 차원에 속한 백석이나 박용래의 경물보다 생경한 시적 대상이었다. 김종삼 시의 경물은 시적 자아가 경험하고 이해할 수 있는 의식 차원의 것이 아니었다. 죽음과 같은 선험적인 세계와 관련된 것이었다. 따라서 김종삼 시의 경물은 의식 세계에서 결여된 것이었다. 그것은 의식 이전의 완전한 만족의 세계인 실재계와 관련된다. 그리고 시적 자아의 무의식적 욕망이 표상하는 시적 대상이었다. 김종삼 시의 시적 자아는 실재계의 응시를 인식하는 존재이다. 응시를 인식한 시적 자아는 지속적으로 실재계의 경물을 향한 무의식적 욕망의 여정을 반복했다. 이러한 시적 자아가 표상하는 경물의 고유성은 과거적이며 환상적인 성격을 띠었다. 유년 시절이 실재계의 환상으로써 김종삼 시 시적 자아의 무의식적 욕망에 호응하기 때문이었다. 무의식적 욕망에 호응하는 것으로서의 김종삼 시의 경물은 불완전한 기표, 탈문법적인 통사구조를 통해 돌발적으로 생경하게 나타난다.

　한국 현대시에 나타난 경물은 원근법적인 눈이 보지 못했던 대상의 고유성을 복원, 심화한 것이었다. 경물은 1930년대 한국 현대시에서부터 새롭게 제시되어 시적 대상의 속성을 수렴하는 것이었다. 경물을 제시하는 한국 현대시는 시적 자아가 다 이해할 수 없고, 확정할 수 없는 대상의 실재를 무아지경의 경지에서 현현한다. 그리고 경물의 불가해한 영역을 언외지의로 나타낸다. 이는 시대를 넘어서 이어지는 한국 시의 특징적인 미적 태도가 한국 현대시가 가지는 새로운 속성, 또는 모더니티적인 속성의 연원이 되고 있음을 말하는 것이었다. 그러므로 경물은 모더니즘과 리얼리즘과는 다른 관점에서 한국 현대시의 미적 태도를 규명할 수 있는 하나의 계기가 된다. 지금까지 본고는 경물을 중심으로 한국 현대시의 미적 특질을 확인할 수 있었다. 향후 연구에서 경물의 의미가 한국 시 전반에 걸쳐 비교 검토되며 확장 적용된다면 한국 시의 정체성을 이루는 하나의 시사적 흐름이 확립될 수 있을 것이다.

|제 2 부|

객관성의 미학과 한국 현대 시인

|제2부| 객관성의 미학과 한국 현대 시인

1. 전통과 전위　　　　　　　　　　　　　　　 —정지용론

　　1930년대 한국 현대시에는 이른바 '새로운' 시가 등장한다. 새로움의 요체는 '감정의 객관화'였다. 감상성과 경향성을 중시했던 전대의 시가 시인의 사상 또는 정서를 전달하는 데 치중했다면, '새로운 시'는 시인의 사상과 정서를 부수적인 것으로 간주한 것이었다. 그리고 시적 형상화와 의미화의 주체를 시인에게서 시적 대상으로 옮겨 놓는 방식이었다. 이 방식은 그때까지 한국 현대시에서 가장 중시되었던 자기발견, 자기고민, 자기 정서 등의 문제를 일거에 삭제해 버렸다는 점에서 급진적이고, 전위적인 시적 방식이었다. 새로운 시 창작 방식에 대한 평가는 그 새로움의 강도만큼 논쟁적이었다. 가령 "지성을 가장 고도로 갖춘 시"(김환태)라는 긍정적 평가와 "무사상의 기교주의"(임화) 같은 부정적 평가 같은 경우 등이었다. 이러한 언급들은 '새로움'을 다분히 이미지즘 시 같은 서구의 문예관을 비교 기준 삼아 논한다는 점에서는 대동소이했다. '사상 부재'에서의 '사상'도, '지성을 고도로 갖춘'에서의 '지성'도 결국은 전통적인 미의식을 논외로 삼고 있는 것이었다. 즉 과거와의 단절을 통해 현재의 의미를 찾으려는 식민지 조선의 근대적인 계몽담론의 연장선상에서, 이른바 모더니티로 간주되는 '새로움'의 연원을 찾는 태도였다.

　　정지용의 시는 1930년대 한국 현대시의 새로움에 관한 논쟁의 한

복판에 있었다. 당시 정지용은 전통적인 것을 지향하는 '문장'의 대표적인 일원이면서도 이미지즘적인 시적 진술 방식을 보여주고 있다는 점에서 특별했다. 당시 정지용은 이미 문단의 중심에 자리 잡고 있는 시인이었다. 그럼에도 불구하고 정지용은 자기변혁을 꾀하는 시적 여정을 보여준다는 점에서 인상적이다. 정지용 시의 변화는 사상이 아닌 미적 태도의 변화에 중심을 두는 것이며, '감정의 객관화'라는 특징적 요소를 심화하는 것이었다. 구체적으로 그것은 시적 대상의 자율성, 독립성을 복원시켜 시적 대상에게 신성성을 부여하는 미적 태도였다. 이는 시적 대상의 가시적인 형상에 고착되어 있던 서구 이미지즘 시의 한계를 넘어서는 것이었으며, 동시에 시적 대상을 시적 자아의 의도를 전달하기 위한 것으로 도구화시켰던 한국 현대시의 주된 흐름과도 구별되는 것이었다.

정지용 시에서 시적 대상은 시적 자아의 눈으로는 다 밝힐 수 없는 가시적인 형상 이상의 의미를 가진 것이었다. 시적 자아 또는 시인의 인식과 이해의 영역을 넘어선 크기의 독자적이며 비의적인 의미를 가진 것이 정지용 시의 시적 대상이었다. 이는 서구 이미지즘 시의 시적 대상과도 다른 독특한 속성이었다. 정지용 시의 특징적인 시적 대상은 한국 시의 전통적인 미의식 중의 하나인 이물관물(以物觀物)의 시작 태도로 제시된 시적 대상으로 설명된다. 이물관물의 관조 태도는 시인이 대상을 주체의 눈으로가 아니라, '물(物)'의 입장에서 '물(物)'을 보는 수평적인 눈을 통해 대상 고유의 아름다움을 발견하는 미적 태도였다.

이물관물의 태도에서 시적 대상 본연의 아름다움은 구체화되고 명료화되는 것으로 나타나는 것이 아니다. 그것은 추상화되고 모호해지는 것 자체로 남아 있는 것이다. 따라서 시인에게 확정된 의미로 다가오는 것이 아니라 끊임없는 의문으로 다가오는 것이 시적 대상의 본질이었다. 이는 장자에 따르면 어떤 한사람이 자기를 잊어버리고 대상을 따라가는 '물화(物化)'를 통해서 대상 고유의 아름다움을 발견하는 방법에 해당된다. 장자에게 있어 대상의 아름다움을 아는 것은 역설적이게도 '망지(忘知)' 즉, '모른다'이다. 이때 시적 대상의 아름다움은 시인의 인식 한계를 넘어서 개방되고 무한해지는 것 자체를 의미한다. 이러한 아름다움은 대상에 대한 기존의 정의에서 이탈하며, 대상을 노래하는 시인의 정서적, 사상적 영역마저 벗어나 지속적으로 혁신되는 전위적인 아름다움이었다.

정지용 시의 새로움 달리 말해 한국 현대시의 새로움은, 그리고 적어도 이것과 관련된 한국 현대시의 모더니티란 정지용 자신이 말했듯 "우수한 전통이야말로 도약"(「시의 옹호」)이라는 자각을 통해서 이루어진 것이었다. 그에게 있어 우수한 전통이란 "꽃의 아름다움을 실로 볼 수 있는 노경(老境)"(「노인과 꽃」)에 이르는 것이었다. 정지용에게 노경은 "정담, 부끄럼, 괴롬"이라는 정서 대신, 대상 스스로 그것의 아름다움을 무궁무진하게 개진하게 하는 미적 태도였다. 이는 자기멸각을 통해 대상의 실제를 그것의 형상을 넘어서는 곳에서 발견하는 이물관물이라는 우수한 전통을 발판으로 한 미적인 "도약"이었다. 정지용의 시 「인동차」는 이러한 정지용 시의 미의식을 잘 드러내는 작품이다.

노주인의 장벽에
무시로 인동 삼긴물이 나린다.

자작나무 덩그럭 불이
도로 피여 붉고,

구석에 그늘 지여
무가 순돋아 파릇 하고,

흙냄새 훈훈히 김도 사리다가

바깥 풍설소리에 잠착 하다.

산중에 책력도 없이
삼동이 하이얗다

- 「인동차」

온통 눈으로 뒤덮인 산속 외딴집, 달력도 없는 방안에서 노주인은 뜨거운 인동차를 마신다. 자작나무 화롯불로 훈훈해진 방안 구석에는 파란 순이 돋은 무가 놓여 있다. 시인의 역할은 이러한 풍경을 묘사 제시하는 데에서 멈춘다. 풍경을 의미화하는 시인의 목소리는 철저히 지양되어 있다. 남아 있는 것은 시적 대상들뿐이다. 그래서 의미의 주체도, 아름다움의 주체도 대상 스스로이다. 시적 대상의 세계는 시인의 이해 영역을 넘어선다. 시적 대상은 시인의 눈에 의해 그 실체가 낱낱이 밝혀지는 것이 아니라, 정확히 말할 수 없는 비의(秘意)를 가진다. 즉 "老主人"은, "자작나무 덩그럭 불"은, "풍설"은 스스로 "잠착"해 그것의 실재를 정확히 말할 수 없는 아우라로서 스스로 나타낸다. 시적 자아는 형상의 배후에 부재로서 나타나는 대상들의 실재를 미적으로 경험할 뿐이다. 그러므로 시인도, 독자도 '애매한' 대상의 아름다움에 빠져든다. 가령 '노주인은 누구인가?'라는 의문의 아름다움이다.

한국 현대시에서 '애매함'이란 그렇게 달가운 의미가 아니었다. 현실문제에 대한 구체적인 고민 또는 선명한 대안이 요구되었고, 그것은 한국 현대시에서 고민의 주체인 시적 자아의 목소리를 강화하는 것으로 나타났다. 이때 애매함은 현실 도피쯤으로 쉽게 간주되었다. 그러나 '애매함'을 통해 비로소 우리는 '경계 없는 아름다움'에 또는 '해결되지 않는 의문'에 빠져들 것이다. 그래서 확신에 의문을 품으며, 정의(定意)의 테두리를 뛰어 넘으려 할 것이다. 이러한 정지용 시의 '애매함'은 한국현대시의 전위가 이식돼온 것으로서가 아니라, 한국시의 전통적 미학태도에서 비롯되었음을 알려준다.

한국 현대시사에서 '귀신의딸/신장님 달련'의 세계를 백석만큼 전면에 내세운 작가는 없다. 현대 시사뿐만 아니라 그 이전으로 거슬러 올라 간다할지라도 유교지식인의 고고한 시선에 '짐승/귀신'의 세계는 풍기를 해치는 사특한 범주에 드는 것이었다. 백석의 시는 케케묵은 무용지물로 이미 폐기된 그래서 그 누구도 관심을 갖지 않는, 설사 관심을 가지고 있다 하더라도 감히 말할 엄두를 내지 못하던 것을 과감하게 전경화한다. 1930년대 작가들이 근대 또는 현대라는 화두에 집중하고 있을 때, 백석은 세상의 추세를 외면한 청맹과니의 시어를 펼쳐 놓는다. "철석의 냉담에 필적하는"(김기림) 불친절한 자세로 아무 설명 없이 불쑥 낯선 풍경을 그려 놓는다. 너무나 갑작스러워 당황스럽기까지 할 정도인데, 이를 두고 많은 당대인들의 반응은 "사투리와 옛 이야기, 연중행사(年中行事)의 묵은 기억(記憶) 등을, 그것도 질서 없이 그저 곡간에 볏섬 쌓듯이 구겨 넣는"(오장환) 무모함을, 뻔뻔함을 질타하는 것으로 모아진다. 모더니스트이든 리얼리스트이든 '속도'의 문제에 집착하고 있을 때였다.

피식민지 영토의 지식인이며 작가인 그들의 최대 관심사는 나와 내가 속한 공동체 보다 앞서 달리는 '제국의 속도'를 따라 잡는 것이었다. 새로운 지식, 새로운 양식, 새로운 제도에 대한 목마름은 동시에 옛 지식, 옛 양식, 옛 제도를 구분하여 질타하는 것으로 이어지게 된다. 피식민지 도시의 지식인으로서 가장 앞서서 달리고 있다고 자부하던 작가의 "대체 우리는 남보다 수十年씩 떠러져도 마음놓고 지낼작정(作定)이냐."(이상)라는 탄식은 제국의 속도를 어떻게 따라 잡을 것이며, 어떻게 하면 발목을 잡고 있는 옛것을 완전히 떼어내 버릴 것인가 하는 문제와의 고투 끝에 나온 것이었다. 정도의 문제일 뿐 1930년대의 시인들 대부분은 속도의 문제로부터 자유로울 수 없는 이들이었다.

그런데 백석은 제국의 속도와 경쟁하지 않는다. 백석 시의 슬픔은 제국의 속도를 따라잡지 못해서가 아니라 제국의 속도와 관련이 없는 세계를 상실했기 때문이다. 백석의 시는 속도 대신 가만히 있음을, 더 나아가서는 제국의 속도와 반대 방향으로 거침없이 올라가 발견한 옛 것을 화두로 삼는다. 그래서 백석의 시는 특이하다. 제국의 속도에 쫓겨 새것을 향해 줄달음치는 당대 대부분의 시들보다 오히려 더 새롭다. 백석의 시는 연구자들이 지금까지 지속적으로 관심을 갖는 소재 중의 하나이다. 그리고 그 관심의 정도가 점점 더 확대 심화되는 양상이다. 이는 백석 시가 개성적이기 때문이다. 제국과의 속도와 피식민지 작가로서의 자신의 속도를 비교하며 '나는 누구인가'를 발견하려는 당대 작가들의 경향에서 그는 불쑥 튕겨져 나와 있다. 작가의 위대함이란 당대의 '맨 처음'에 그의 이름을 올려놓는 데 있을 것이다. 달리 말해 '그렇게 써서 무엇을 하자는 말인가' 라는 범주의 질타와 무시를 받아 넘기는 내공으로 문학적인 아집과 오기를 끝까지 부려 일가견을 이루는 데에 있을 것이다. 이는 백석의 시가 당대의 작가들과 구별되는 이유이기도 하다.

백석 시의 개성은 세계를 바라보는 태도가 비해부학적이라는 데에 있다. 해부학적 시선은 근대과학의 눈으로 인간의 신체 구조를 낱낱이 증명한다. 어둠에 싸여 있던 몸 안 쪽의 부분까지 과학의 힘을 빌려 육안으로 확인하며 병의 연원을 가시화한다. 해부학적 시선에 의해 가시화되지 않는 병은 병다운 병이 아니다. 그것은 주술적인 수준에서 일어나는 환각이거나 꾀병에 불과하다. 그런데 그것은 해부학적 시선을 중심으로 했을 때일 뿐이다. 해부학적 시선을 가능하게 하는 과학의 속도를 따라잡는 것을 중심으로 삼을 때에 가능한 구분법이다.

백석 시는 세계를 비해부학적 시선으로 읽는다. 백석 시의 '병'은 '신장님 달련·구신의 딸'과 관련된 것이며, 그것은 수 천 년 누적의 기억을 내재한 대상이 지닐 수 있는 아우라를 가진 '병'이다. 백석 시의 '병'은 사물화, 타자화되지 않는다. 주체의 해부학적 시선으로는 다 설명되지 않는 자율적, 독립적인 의미의 영역을 가진다. 비해부학적 시선으로 세계를 읽는 지점에서 백석 시는 피식민지인이 갖는 자기부정 또는 자기 콤플렉스의 범주를 토로하는 것과 차별화된다.

백석 시의 '아버지의 아버지의 아버지의' 같은 식의 계보를 따라 뻗어가는 상상력 즉, 계보학적 상상력은 백석 시에서 슬픔을 치유한다. 그리고 계보학적 상상력은 해부학적 시선으로는 가능하지 않았던 자기긍정의 정신을 가능하게 한다. 계보학적 상상력은 그것이 뻗어 올라갈수록 무한의 경계로 넓어져 주체/타자, 열등/우등, 문명/야만 식의 이분법적 시선을 해체한다. 모든 것은 서로 통용되고 혼용된다. 그래서 계보학적 상상력으로 펼쳐 놓는 백석 시의 풍경은 자족적이며 다의적이다. 가령 「北關」이 그러한 경우이다.

명태(明太) 창난젓에 고추무거리에 막칼질한 무이를 비벼 익힌 것을
이 투박한 북관을 한없이 끼밀고 있노라면
쓸쓸하니 무릎은 꿇어진다

시큼한 배척한 쿼쿼한 이 내음새 속에
나는 가느슥히 여진(女眞)의 살내음새를 맡는다

얼긋한 비릿한 구릿한 이 맛 속에선
까마득히 시라(新羅) 백성의 향수(鄕愁)도 맛본다

백석 시에서 자주 등장하는 음식은 '기억' 이전의 세계를 환기시키는 매개로서의 역할을 한다. 거북한 본연의 냄새를 지우고 먹기 좋은 모양으로 깔끔한 접시에 담겨 나오는 모던한 '레스토랑'의 음식에 비해서 "투박한" 것에 불과한 백석 시의 음식은 그러나 본연의 자기를

확인하는 통로가 된다. 제국의 세련된 시선을 수입한 경성의 시선으로는 투박하게 보일 뿐인 "북관"은 그러나 단순한 북쪽 변경이 아니라 쓸쓸함의 이유를 알고 그것을 극복하게 하는 장소가 된다. 세련된 시선을 쫓아 "투박"함을 버리는 것이 아니라, "시큼한 배척한 퀴퀴한" 냄새와 "얼큰한 비릿한 구릿한" 맛 속에 나의 진짜를 찾는 길이 있음을 "가느슥히"(희미하게) 확인하는 것이다.

나의 진짜란 나를 중심으로 배열되는 질서의 풍경에 위치하지 않는다. 달리 말해 중심을 전제하는 풍경에 나의 진짜가 있지 않다. 나의 진짜란 "여진의 살내음새"이며 "신라 백성의 향수"이다. 여진과 신라 또는 오랑캐와 나 식의 이분법적 시선으로 위계화되는 것이 아니라 서로 혼용되는 것 속에 나의 진짜가 있다.

섞이고 융화되는 계보의 장구함이 백석 시의 시적 자아와 닿아 있다. 백석 시의 시적 자아는 유구한 계보의 흐름에서 하나의 점에 불과하다. 중요한 것은 장구한 계보 그 자체이다. 그래서 백석은 나의 개인적 의지보다 유구한 세월이 축적된 것으로서의 굳고 정한 '갈매나무' 자체를 보여주는 것을 중시하는 시가 된다. 백석 시가 보여주는 자기 통어의 객관적 자세와 투박한 것을 전경화하는 풍경은 제국의 세련됨을 비교기준으로 삼지 않고 자기를 발견하는 맨 처음에 해당되는 것이었다.

3. 새로움과 속도의 절대화 −이상(李箱)론

　작가 이상의 삶은 '도시'를 중심으로 전개된다. 그가 내면화한 도시는 봉건적 모습에서 근대적 모습으로 변해가는 '경성'이었으며, 그 중에서도 진고개로 대표되는 일본인 밀집 거주지역인 남촌이었다. 일제강점기 근대적 교통시설과, 근대적 건축물 등은 남촌 위주로 운행되거나 또는 지어졌다. 이것들은 일제가 동경의 한 모습을 조선에 축소 복제한 모양새로서, 조선이 일본에 부속된 곳임을 증명하는 것이었다. 밤이 되면 칠흑 같은 어둠에 빠져드는 조선의 전통적인 번화가였던 북촌 대, 수은등과 네온사인이 포장된 도로를 환하게 비추는 남촌은 선진과 후진의 상징으로 조선인들에게 자연스럽게 내면화되었다. 남촌은 조선인이 진입하고 싶은 지향의 공간이었다. 또한 그곳의 원리를 이해하고 따라잡아야 한다는 조바심을 조선인들에게 내면화시키는 공간이었다.

　1930년대의 '경성'은 구도심 대 신도심이라는 뚜렷한 이분법적 위계가 구체화된 곳이었다. 이러한 현실과 관련된 피식민지 작가들의 최대 화두 중의 하나는 자연의 상태에 최대한 가까운 북촌에서 자연을 최대한 개발한 남촌으로 전진하는 방법과 관련된 문제에 천착하는 것이었다. 이때 가장 표 나는 시인이 바로 이상이다. 그가 가장 표 나는 것은 남촌으로 상징되는 새로운 것으로의 지향이, 민족의식으로부터 비교적 자유로운 지향이었기 때문이다. 즉 공동체적 차원보다는 사적인 차원에 가까운 지향이었으며, 따라서 공동체적인 감각에 발목이 잡혀있던 이들보다 속도감 있게 앞서 나설 수 있었던 것이다.

　이상의 속도는 '남촌(경성)'을 중심으로 삼는다. '경성'을 향해서 이거나 '경성'으로부터이다. 그가 유일하게 체험한 시골인 평안도 '성천'은 "공포의 초록색"(「倦怠」)이 지배하는 공간이다. 즉 지루하게 반복되는 자연의 최대치가 자리 잡은 '권태'의 공간이다. 이때 '권태'의 요체는 반복 또는 정체되어 있음이다. 그러므로 '권태'를 벗어나는 길은 움직이는 것이며, 이를 통해 새로운 변화를 경험하는 것이었다. 구체적으로는 '성천(시골)'에서 '경성(도시)'를 향해 움직이는 것이다.

그러나 '경성'은 이상의 최종적인 목적지가 아니다. 그것은 언제든지 다른 장소와의 비교에서 '성천'의 위치로 전락될 수 있다. 가령 그가 생을 마친 '동경'에 비교해서 '경성'은 "十九世紀 쉬적근한 내음새가 썩많이나는 내道德性"(「동경」)의 공간일 뿐이다. '동경' 역시 "브로드웨이"와 비교해서는 "表皮的인 西歐的 惡臭의 말하자면 그나마도 그저 分子式이 겨우 여기 輸入"(「사신(七)」)된 모조품일 뿐이다. 이같이 성천/경성/동경/브로드웨이는 상대적으로 의미화된다. 이상은 권태를 극복할 최종의 장소에 도착한 적이 없다. 경성으로 갔으나, 동경으로 갔으나 그곳은 그가 여행을 멈추게 할 정도의 답을 확인하기에는 부족한 공간이었다. 그것을 자각하는 순간 떠나온 곳인 '성천'과 '경성'을 추억하기도 하지만 결코 되돌아가야 할 만큼의 대안적인 의미의 장소가 아니었다. 다만 새로운 장소에서 확인한 '결여'의 부산물일 뿐이었다.

이상이 도착한 장소는 이곳도 역시 새로운 곳이 아니라는 '결여'를 확인하는 우울한 장소일 뿐이다. 그의 멈춤은 '날개'를 달고 새로운 곳으로 떠나기 직전 잠시 머무는 '아내의 방'에 불과하다. 멈춤 달리 말해 속도가 없음은 이상을 우울하게 하는 데, 그가 머물고 있는 공간이 곧 결여를 확인하는 곳이며 그래서 권태로운 공간이기 때문이다. 머물고 있는 공간을 이탈하는 질주의 속도는 이상이 권태를 극복하는 전략이다. 이상이 속도에 천착하는 것도 이와 관련된다. 그의 언어는 특정한 목적지를 형상화하는 데로 모아지지 않는다. 이상에게 절대적인 것은 새로움을 향한 속도 그 자체였다. 이를 단적으로 보여주는 작품이 이상의 연작시 「오감도」의 시작인 다음 작품이다.

十三人의 兒孩가 道路로疾走하오.
(길은막다른골목이 適當하오)

第一의兒孩가무섭다고그리오.
第二의兒孩도무섭다고그리오.
第三의兒孩도무섭다고그리오.
第四의兒孩도무섭다고그리오.
第五의兒孩도무섭다고그리오.
第六의兒孩도무섭다고그리오.
第七의兒孩도무섭다고그리오.
第八의兒孩도무섭다고그리오.
第九의兒孩도무섭다고그리오.
第十의兒孩도무섭다고그리오.

第十一의兒孩가무섭다고그리오.
第十二의兒孩도무섭다고그리오.
第十三의兒孩도무섭다고그리오.
十三人의兒孩는무서운兒孩와무서워하는兒孩와그러케
뿐이모혓소.(다른事情은없는것이차라리나앗소.)

그中에一人의兒孩가무서운兒孩라도좃소.
그中에二人의兒孩가무서운兒孩라도좃소.
그中에二人의兒孩가무서워하는兒孩라도좃소.
그中에一人의兒孩가무서워하는兒孩라도좃소.
(길은뚫린골목이라도適當하오)
十三人의兒孩가道路로疾走하지아니하야도좃소.

                                        ─「詩 第一號」

　　"疾走"의 속도를 체화하는 존재는 '무서운' 또는 '무서워하는' 자각을
한 존재들이다. 일상의 단조로움이 결국은 자연의 주기 반복과 동궤

임을 자각한 자. 그것에 순응하며 가만히 자연의 상태에 머물러 있음이 '권태'에 불과한 것임을 깨달은 존재만이 공포를 느낄 수 있다. 그러한 존재는 권태로부터 질주하려는 욕망으로 새롭게 구성된다. 달리 말해 머물러 있던 장소에 작동되는 기성의 질서로부터 이탈해 새로운 원리를 지향하는 것으로 자기 존재를 구성하는 '兒孩'적 존재이다. 동시에 기성을 거부하는 '무서운' 존재이며, 목적지가 어딘지도 모르는 불확실한 미래를 향해 질주해야 하는 공포로 '무서워하는' 존재이다.

'第一/第二' 등으로 이어지는 숫자란 '兒孩'를 구체화하는 방법적 모색이다. 이상은 자연의 상태를 인공의 상태로 전환하는 속도를 수치라는 과학적 원리로 제시한다. 그러므로 이상이 말하는 속도는 '범 같이 날 쌘'으로 구현되는 자연의 속도와는 다른 차원의 것이다. 결국 이상이 구체화할 수 있는 최대치의 인공 세계란 속도를 구체화하는 것이었다. 그는 이러한 속도로 한국 현대시에서 그 어떤 시인도 가지 못한 새로운 지역을 향해 가장 멀리 달려갔다. 이 지점에서 이상 시의 의미는 시작된다. 끊임없이 인구에 회자되는 그의 마지막 말 속의 '오렌지'도 결국 새로움을 향한 '속도'의 부산물일 것이다.

4. 성찰 배제의 자기 폭로   -김수영론

'자유, 저항, 참여, 민족, 민주' 등은 김수영과 김수영의 시에 관한 글들에서 가장 많이 나오는 어휘들이다. 이를 중심으로 삼는 담론은 대부분 계몽적인 관점에서 김수영 시의 의의를 밝힌다. 계몽적인 시각으로 접근하는 방식은 결국, 작품에 나타나는 현실 문제의 반영 정도를 살피는 것으로 귀결된다. 현실 문제의 원인과 그것을 기반으로 도출되는 전망의 문제 등등을 작품을 통해 고구考究해내려는 것이다. 이는 한국 현대문학연구에서 가장 두드러진 연구사적史的 줄기를 형성하고 있는 리얼리즘적 연구관에 관련된다. 김수영의 시의 의의는 이러한 시각에서 상당부분 발견되었다. 그리고 이제 김수영 시의 의의는 '자유, 저항, 참여, 민족, 민주' 등의 범주를 넘어서서 새롭게 말해져야 한다. 자유 대 억압, 참여 대 순수, 민주 대 독재, 민족 대 외세, 민중 대 반민중 등등으로 변주되는 이분법적 틀의 한계를 넘어서는 지점에 김수영 시의 새로운 의의가 있다.

식민 국가와, 독재 국가를 경험한 시인들이 현실 문제를 작품에 수렴할 때의 미적 태도가 김수영에 이르러서 새로워진다. 이육사나, 윤동주, 신동엽 등등으로 이어지는 이른바 참여시 계보의 미의식에서 꾸준하게 읽혀지는 긍정 대 부정 이라는 선명한 구조가 김수영에게서 미묘해진다. 바로 이 지점에서 김수영 시만이 갖는 특질이 드러난다. 그것은 생활의 차원에서 벌어지는 자기모순을 폭로하는 시 쓰기였다.

긍정적인 존재로서의 자신을 발견하는 통과의례로서 작용하는 윤동주의 자기비판과 김수영의 그것은 다르다. 일상의 모순을 육화한 '나'를 말할 때, 성찰을 삭제한다는 점에서 김수영 시는 낯선 것이었다. 김수영의 자기모순에는 '나'를 성숙으로 견인하는 윤동주의 '별과 같은 지향점이 빛나지 않는다. 김수영의 자기모순은 밥을 먹고, 생활비를 벌고, 성교를 하는 등등의 생활의 수준에 고착되어 있을 뿐이다. 그래서 오히려 김수영의 시는 가장 깊게 현실에 뿌리를 내린다. 김수영 시의 현실은 긍정이 곧 부정이 되며 부정이 곧 긍정이 되는, 즉 '나'와 '적'이 혼융된 세계이다. 그러므로 긍정 대 부정의 선명한 구조로 형상화되었던 종전의 참여시에 나타난 현실과는 다른 것이었다. 김수영 시의 현실은 소시민의 맨얼굴이 드러나는 생활이었으며, 때문에 충격적이었다. 김수영의 시는 작가의 문제 의식으로 관념화되어 있었던 현실의 실제를 드러나게 한 것이었다.

아도로노에 따르면 현대예술의 새로움은 부정적으로 자신을 반영하면서 이를 사회적 상황의 현실적 부정성과 동일시하는 미적 태도에서 기인한다. 김수영의 시는 봉건성, 반민주성 등등을 질타하는 고압적인 주체의 자리에서 일상으로 '나'를 낙하시킨다. 저개발국가의 일상 위로 고고히 수직 상승한 고독한 존재인 '헬리콥터'(「헬리콥터」)라는 '나'의 자부심은 4·19 혁명의 실패로 무너진다. 그리고 타자를 향해 일갈하던 "어서어서 썩어빠진 어제와 결별하자"(「우선 그 놈의 사진을 떼어서 밑개로 쓰자」)라는 식의 목소리를 일상의 '나'로 향하게 한다. 이때 '나'란 선명한 '적'을 상실한 존재이며, 선명한 '적'은 관념적 허상에 불과했음을 경험한 존재이다. 현실이란 "敵을 運算하고 있으면/아무데에도 敵은 없"(「敵」)는 탁류濁流의 세계이다. 김수영 시는 해결되지 않는 자기 안의 타자, 자기 안의 부정을 적나라하게 폭로한다. 현실의 부정성을 육화한 것으로서의 자신의 부정성을 말하는 미적 태도를 시의 전략으로 삼는 것이다. 물론 이때의 미적 태도는 자기성숙을 전제하는 것이 아니라, 오로지 자기모순 자체에만 충실한 것이었다. 김수영 시에서 비로소 주체 대 타자라는 계몽적 문학의 이분법적 틀은 복잡 미묘해진다. 그리고 이것이 김수영의 시를 관념의 차원에서 현실의 차원으로 깊이 뿌리내리게 한다. 다음의 시는 이를 가장 두드러지게 나타내는 김수영 시 중의 하나이다.

남에게 犧牲을 당할만한
충분한 각오를 가진 사람만이
殺人을 한다

그러나 우산대로
여편네를 때려눕혔을 대
우리들의 옆에서는
어린놈이 울었고/비오는 거리에는
四十명가량의 醉客들이
모여들었고/집에 돌아와서
제일 마음에 꺼리는 것이
아는 사람이
이 캄캄한 犯行의 現場을
보았는가 하는 일이었다
─ 아니 그보다도 먼저
아까운 것이
지우산을 現場에 버리고 온 일이었다

─「罪와 罰」

　'나'는 길거리에서 '여편네를 때려눕히는' 폭력을 휘두르는 존재다.
'나'가 특이한 것은 자신의 부당한 행위에 대해 성찰하지 않는 데에 있
다. '나'는 남들이 "범행의 현장"을 보지 않았을까 하며 오로지 자신의
체면만을 걱정한다. 아내에 대한 죄책감은커녕 버리고 온 "지우산"을
아까워한다. 이같이 '나'는 자기반성을 동반하지 않는 철저히 속물화
된 존재다. 또한 그러한 자신에 대한 절망이나 혐오의 정서도 동반하
지 않는다. 즉 성찰 또는 전망을 삭제한 존재이다. 나의 모순이 해결
될 가능성은 봉쇄되어 있다. 그러므로 나의 폭력은, 나의 모순은 하나
의 수식도 없이 맨 얼굴로 가혹하게 드러난다. 이 지점이 김수영 시가
한국 현대시에서 발견하지 못했던 가장 일상적이고, 사적인 현실의 모

습을 여실하게 보여주는 자리가 된다. 한국 현대시에서 전망과 성찰을 동반하지 않는 '나'란 생소한 존재였다. 김수영 시 전까지 깨달음을 동반하지 않는 인식은 시적인 가치 대상이 아니었다. 그것은 단순한 시정잡배 수준의 무엇으로 머물러 있을 뿐이었다.

자기모순을 가혹하게 폭로하는 것은 그것을 통해 현실의 심급을 발견하려는 김수영 시의 시적 전략 중의 하나이다. 저개발국가 현실의 참모습을 있는 그대로 발견하는 것은 저개발국가의 현실 위로 혼자 높이 뜬 '헬리꼽터'의 자리에서, 길거리에서 아내를 구타하는 시정잡배의 자리로 자신을 타락시킴으로써 가능한 것이었다. 이 가혹한 자기 타락을 온몸으로 감행하는 것이 김수영의 시 쓰기 방식이었으며, 이것을 통해 김수영 시는 "적들과 함께"(「아픈몸이」) 가야하는 현실의 모습을 적확하게 나타낸다. 그러므로 그 자리에서 김수영이 호명하는 '전통', '사랑' 또한 추상적인 차원을 벗어나 현재화된, 현실화된 그것으로 등장한다.

5. 사물과 사물 사이, 황홀경의 언어 —김종삼론

김종삼의 시는 '순수'하다. 물론 이때 순수는 지극히 문학의 기준에서 그렇다는 의미이다. 문학이 사회학이나, 역사학이나, 철학이나 또는 등등의 기타 분야와 소통하면서 동시에 그것과는 구별되는 자기준거성을 가진다는 전제에서 김종삼의 시는 순수하다는 것이다. 시인이 철저히 문학적 심미성을 고수하면서, 그의 시에 현실의 문제가 틈입되는 것을 최소화하고 있기 때문이다. 좀 더 과감하게 말해 현실의 어떤 문제와 관련된 인간의 삶에 김종삼의 시선이 머무르는 법이 별로 없다. 현실의 먹고 사는 문제를 기준으로 보면 김종삼의 시는 지독하게 이기적이다. 현실이란 '한낱 그것쯤이야'로 약호화하며 배회하는 노래는 결국 자기만족에 충실한 언어로 집중되기 때문이다.

김종삼 시의 시선은 현실을 넘어 선다. 김종삼의 시는 사물과 사물 사이를 인과적으로 연결해 그것의 의미를 밝히는 것이 아니라, 사물과 사물 사이를 열어 놓는 시이다. 사물과 사물 사이를 텅 빈 채 비워 놓는 시이다. 한국 현대시에서 사물과 사물 사이를 비워 놓는 경우는 보기 드문 경우이다. 모더니즘이든 리얼리즘이든 대부분의 한국 현대시는 사물간의 문제를 또는 현실의 문제를 강력한 시적 주체의 목소리를 통해 밝히곤 한다. 이러한 시들의 주체는 현실의 문제를 향해 전진하는 존재들이다. 현실의 문제를 넘어서기에는 굴곡 많은 한국 현대사의 흡입력이 너무 강했는지도 모른다. 초현실주의 영역에 걸쳐있는 시에까지도, 무의미의 영역에 걸쳐있는 시에까지도 현실과의 대결의식이 내재해 있다. 넓게 보면 결국은 논리의 영역, 이성의 영역에 발을 내리고 있는 시들이다.

김종삼의 시에는 사물과 사물 사이 반쯤 열린 '문'이 있다. 김종삼 시의 관심은 온통 그 반쯤 열려진 문 너머의 세계, 즉 사물 너머의 세계로 향해 있다. 현실과의 상관관계로 설명되지 않는 현실 너머의 세계이다. 그것을 프로이트는 무의식의 세계라 하고, 라캉은 실재계라 말한다. 인간이 경험할 수 있는 황홀경이란 무엇인가? '모른다'이다. 왜냐하면 결코 의식의 차원에서, 또는 논리의 차원에서 설명할 수 없는 문제이기 때문이다. 인간은 황홀의 지역을 지나왔다. 또는 황홀의 유전자가 육체에 본능으로 내재 되어 있다. 그러나 '황홀경을 보았음' 은 논리의 차원에서 증명될 수 있는 문제가 아니다. 현실의 모순과 극복이라는 인과론적 경로를 따라 발전하거나 또는 성숙하거나하는 차원의 문제가 아니다. 이성 밖, 의식의 밖 어딘가에서 기인하는 '황홀경'이 인간에게 내재해 흘러 다닌다. 그러다 부지불식간에 게릴라처럼 원형의 모습으로 끊임없이 출·몰한다. 문제는 그러한 출몰의 경계선에 서 있는 자로서의 시인이다.

신과 인간의 경계에 서 있는 자, 의식과 무의식의 경계에 서 있는 자, 자연과 초자연의 경계에 서 있는 자의 범주에 시인은 있다. 황홀경을 향한 욕망의 부름에 사물의 문을 열고, 이성의 울타리를 넘어 호응하는 시인이다. 때문에 시인은 현실의 영역에선 독한 불륜을 저지르는 자일 수 있다. 누군가는 시인을 추방하려 하지 않았는가. 그런 의미에서 김종삼은 현실로부터 추방당한 자이다. 아니 현실을 추방한 자이다. 어쩌면 김종삼 시의 눌변은, 환상은, 또는 이해할 수 없음은 이것과 연관될지 모를 일이다. 황홀경을 향한 욕망을 위해 결코 이루어지지 않을, 끝없이 지연되며 어긋나 존재하는 황홀경을 향한 여정을 고집하는 자, 그래서 김종삼 시의 시적 자아는 성장하지 않는다. 항상 같은 자리를 순환하며 배회할 뿐이다. 성장이란, 발전이란 현실 영역의 문제일 뿐이다.

김종삼 시의 기표는 하나의 기의에 머무르지 않는다. 끊임없이 기의를 벗어나 또 다른 기의를 향한다. 그러한 여정에 놓인 자 얼마나 비현실적인가 얼마나 이기적인가. 그러나 그는 시인이다. 현실과 비현실의 경계를 넘나드는 시인, 그것을 흉내가 아닌 온몸에 육화시킨 시인이다. 덕분에 우리는 그의 시를 통해 예고 없이 나타나는 갑작스런 황홀의 풍경을 엿볼 수 있다. 황홀경을 향하는 자의 여정이 잘 드러나는 시 중의 하나가 바로 「돌각담」이다.

廣漠한地帶이다기울기
시작했다잠시꺼밋했다
十字架의칼이바로꼽혔
다堅固하고자그마했다
흰옷포기가포겨놓였다
돌담이무너졌다다시쌓
았다쌓았다쌓았다돌각
담이쌓이고바람이자고
틈을타黃昏이잦아들었
다포겨놓이던세번째가
비었다.

- 「돌각담」 전문

'십자가의 칼이 바로 꼽힌' 공간이란 결코 균열이 나지 않는 완벽한 충만의 세계이다. "돌담"을 쌓는 과정은 그러한 행위로 이루어질, 가까워질 어떤 완벽한 세계를 향한 욕망의 과정이다. 완벽한 세계란 김종삼 시에서 "십자가의 칼이 바로 꼽"힌 미세한 결여도 없는 "견고"한 성소 같은 곳으로 출·몰한다. 그러나 돌담을 쌓는 행위의 반복은 완성으로 이어지지 않는다. 그것은 현실 세계를 관통하는 여정이 아니다. 인과론적 발전의 법칙을 따르는 행위가 아니다. 때문에 완성 또는 성장과 관련되지 않는다. 돌담을 쌓는 반복 행위의 끝에 확인되는 것은 견고한 완성이 아니라 "세번째가 비"어 있다는 결여일 뿐이다. "세번째가 비"어 있는 자리에서 그것이 채워진 완전하고 충일한 집을 향한 욕망은 '다시' 시작되고, 그러한 욕망이 광막한 지대가 기우는 들판으로 '다시' 나가 돌담을 쌓는 행위를 반복하게 한다. "세번째가 비"인 결여를 돌담을 쌓는 행위로 결코 해결할 수 없다는 점에서 김종삼의 시적 자아는 '무지'하고 그래서 그의 여정은 덧없음의 여정이라 할 수 있다. 완전한 실재계의 표상이란 불가능하며, 대신 환상이라는 일시적 대체물로 현현될 뿐이다.

　김종삼 시에서 황홀경의 공간은 '반쯤' 보이는 환상 속의 공간이다. 주로 그러한 공간은 유년의 공간, 즉 유일하게 현실과는 완전히 분리된 죽음과 같은 평화를 경험했던 공간의 이미지이다. 그러나 언제나 완전한 모습을 보이지 않는다. 구체적인 모습을 드러내지 않는다. 반쯤 만 보이는, 그래서 반쯤은 가려진 공간이다. 반쯤은 '결여된' 공간이다. 반쯤의 '결여'가 김종삼의 시를 환상으로 이끈다. 환상이란 결여를 채우기 위한 몸부림의 결과물이다. 환상을 통해서 인간은 황홀경을 섬광의 찰나로 스쳐지나가며 겨우 엿볼 수 있다. 논리의 언어가 황홀경에 이르는 길을 찾는 것은 불가하다. 인간의 삶에서 황홀경이란 현실의 차원의 것이 아니다. 우리의 기억 속에 있는 충만한 행복이란 무엇인가? 그것은 우리에게 진짜로 벌어졌던 일이었는가? 혹 그것은 황홀경을 향한 욕망이 만들어 놓은 환상이 아닌가. 그런데 우리의 진짜 모습은 현실 속에 있는가? 환상 속에 있는가? 답이 있을 수 없는 질문의 풍경이 사물과 사물 사이 김종삼 시가 반쯤 열어 놓은 문 너머에 펼쳐져 있다.

6. 여백의 복원, 언외지의(言外之意) 풍경의 복원 -박용래론

박용래 시는 곧잘 그의 특별한 행적, 즉 '눈물'과 관련되어 말해져왔다. 그가 빈번하게 서슴없이 흘렸다는 '눈물'은 그의 시를 한, 애상, 비애 등등의 단어와 연결 짓는 하나의 단초였다. 인간 박용래를 설명하는 핵심이 그의 '눈물'에 있을 수는 있다. 그러나 박용래 시를 박용래 시답게 만드는 핵심에 '눈물'이 있다고 보기는 어렵다. 눈물의 범주, 즉 비애 한 등등의 정서와 관련된 시인들은 무수히 많기 때문이다. 박용래 시의 특별함을 만드는 요소는 정서의 문제보다는 정서를 말하는 방식의 문제와 더 관련된다. 그 방식이란 다름 아닌 바라보기의 방식 또는 관조의 방식이다.

자주 쓰는 말 중에 '신서정'이란 말이 있다. 그런데 '신서정'처럼 정체가 불분명한 말이 있을까. 과연 '새로운 서정'이라는 것이 가능한 것일까 라는 근본적인 의문을 품게 만드는 용어이다. 아마도 신서정이란 말이 가능하려면 '서정'의 내용보다는 서정을 말하는 방식의 문제에 방점을 두어야 할 듯하다. 박용래 시는 서정을 말하는 방식의 새로움을 보여주는 가장 두드러진 한국 현대시 중의 하나이다. 박용래의 시작 방식이 김소월 이후의 한국 현대 서정시에서 김소월의 방식으로부터 가장 먼 곳에 있기 때문이다. 박용래 시에 두드러진 '바라보기 또는 관조의 태도' 만큼, '신서정'이란 말이 왜 가능한지를 선명하게 설명할 수 있는 근거를 한국 현대 서정시에서 찾기란 쉽지 않다.

박용래 시에 나타나는 바라보기의 태도는 '무심'의 경지로서 대상을 관조하는 방식에 가깝다. '무심'의 경지로서 바라보기란 외부의 개입 없이 대상을 그 자체로만 관조하는 태도이다. 이를 두고 칸트는 무관심적 경험이라 말한다. 이때 무관심은 대상에 대한 관심이 결여된 것이 아니라 오히려 매혹적인 산물로서 미적 대상에 주의를 집중하는 것이다. 그래서 감각적 희열, 도덕적 개선, 과학적 지식 및 유용성에 대한 관심과는 다른 미적 대상에 대해 순수한 관조적 관심을 가지는 것이다. 이때 대상을 바라보는 태도는 관심의 배제가 아닌 어떤 특정 태도에 치우침이 없는 태도이다. 대상을 둘러싸고 있는 표피를 걷어 내고 그것의 실재를 바라보는 방식이다.

동양 전통의 미의식이란 여백 또는 침묵의 지대를 의미 생성의 중요한 수단으로 생각하는 허실상실(虛實相資:실(有)은 반드시 허(無)에 의하여 존재하며, 허도 반드시 실에 의하여 존재한다), 불획지화(不劃之畵:그려지지 않는 부분을 통해 형상의 본질을 보여준다) 등의 미의식이었다. 조선의 한시가 중시한 의경미 또한 이와 관련된다. 의경미는 시인이 자연 경물을 관찰한 다음 생각을 옮겨 묘(妙)를 얻고 또한 정(情)과 경(景)을 융화시켜서 얻어낸 미적 경계인데, 이러한 의경미가 언외지의(言外之意)를 생성하게 하는 바탕이 된다. 세계의 본질이란 하나의 선명한 의미로 고정되는 것이 아니라 경물 스스로의 자율적인 관계 맺음에 의해 무궁무진하게 청신(淸新)되며 언어 너머의 의미로 확산된다는 미의식이다. 이는 대상과 주체의 거리를 전제로 한 관조의 시선을 바탕으로 해야 가능하다. 주체의 시선이 세계의 본질까지 닿기 위해선 세계에 대한 시인의 주관성이 개입되면 안 된다. 주체의 주관성은 주체와 세계의 관계를 주체와 객체의 관계로 이분화하고, 주체의 시선으로 동일화한 세계의 모습만을 표상하는 걸로 귀착되기 때문이다.

그런데 한국 현대시에선 세계를 주체의 정서 또는 의지의 자장 안으로 흡입하려는 진술방식이 주를 이룬다. 주체로의 합일 식의 시적 진술은 근대화 또는 과학화로 귀결되는 시대적 조류와 밀접하게 연관된다. 근대적 주체 달리 말해 데카르트적 주체는 주체가 이해 가능한 영역 안의 정확히 설명할 수 있는 것들만을 가치 있는 무엇으로 말하는데, 한국 현대시의 시적 자아는 대체로 이러한 주체의 범주에 포함되는 존재들이었다. 한국 현대시에서 근대적 주체의 탄생은 모든 세계의 영역을 탈성화(脫聖化)시키는 것과 관련된다.

근대적 주체는 언외지의를 생성하게 하는 여백의 지대를 탈성화시켜 언내지의(言內之意)를 생성하는 세계를 창출한다. 이때 언내지의는 주체의 강력한 힘에 의해 규정된 풍경의 관계들에 의해 생성된다. 따라서 세계는 탈성화되며 사물화된다. 그러한 사물들로 이루어진 풍경은 전 단계와는 다른 새로운 풍경이다. 그것은 원근법에 의해 세계를 균질적으로 포착하고 텅 빔으로 남겨진 지대의 성스러움을 탈성화시킨 근대적 풍경이었다. 그런데 박용래의 시는 한국 현대시에 여백의 지대를 복원시킨다. 박용래 자신이 "사물을 구태여 해석하려 하지 않는다. 다만 언제까지나 조용히 응시할 뿐"(「遮日의 봄」)이라고 말했듯이, 무심의 경지로 세계를 관조하고 이를 통해 세계의 근원에 다가서려는 미적 태도가 여백의 복원을 가능케 한다. 가령 다음의 박용래의 시 같은 경우이다.

> 내리는 사람만 있고
> 오르는 이 하나 없는
> 보름 장날 막버스
> 차창 밖 꽂히는 기러기떼,
> 기러기 떼 보아라
> 아 어느 강마을
> 殘光 부신 그곳에
> 떨어지는가
>
> — 「막버스」 전문

시 「막버스」에서 "막버스", "기러기떼", "강마을"의 관계를 알려주는 서술어는 최소화되어 나타난다. 서술어를 제어함으로써 세계를 바라보는 화자의 목소리를 통어한다. 화자의 목소리에 의해 의미화되는 세계의 풍경이 아니라, 풍경을 이루고 있는 "막버스", "기러기떼", "강마을"이라는 체언들 서로가 자율적 관계를 맺음으로써 스스로 의미를 생성하는 풍경이 된다. 의미를 규정하는 화자의 목소리가 제어됨으로써 체언과 체언 사이에는 여백이 가능해지고 그 여백의 통로로 체언의 의미가 생성되는데, 이때의 의미란 언외지의가 된다. 언외지의란 "정말 진짜 시를 쓰고 싶다. 언어를 망각하고 싶다. 꽝꽝나무 같은 단단한 의미"(「나의 시, 나의 메모」)라고 말했던 것처럼 결국 체언과 체언 사이의 언어를 망각할 줄 아는 내공을 박용래의 시가 가지고 있기에 가능한 것이다.

언외지의는 곧 의미의 개방을 의미한다. 의미를 구체화하는 것으로 종결되는 것이 아니라 종결부분에서 그것을 다시 확산시키는 것이다. "殘光 부신 그곳"이 어디인지, 어떻게 하면 갈 수 있는지 아니면 갈 수 없어서 절망스러운지 여부까지 나아가는 것이 아니라, "어느"의 지점에서 화자는 목소리를 멈춘다. 그것이 "기러기 떼"가 "꽂히는" "강마을"을 하나의 완결된 모습으로 한정되지 않게 만든다. "강마을" 스스로 그 모습을 변주하게 만든다. 여기가 박용래 시가 한국 현대시의 근대적 시선이 사장시켰던 성聖의 풍경을 복원시키는 지점이다. 신비로움은 또는 성스러움의 영역을 굳이 이성적, 과학적 시선으로 모두 밝힌다고 해서 진리에 가까워졌는가는 회의적이지 않았는가.

세계를 직시하는 것은 누구인가? 그리고 세계를 직시한다고 판단하는 것은 누구인가? 라는 의구심의 끝에 '인간'이 있다. '누구'의 자리를 점하고 있는 인간은? 식의 의문과 관련된 것이 인간의 의식, 이성 그리고 그것을 반영하는 체계로서의 언어를 문제 삼는 것이다. 이러한 문제를 추적하는 것은 대안을 제시하기 위한 목적 의식과 직접적으로 관련되지 않는다. 즉 기존의 답 체계를 허물고 그 대안으로서 답을 제시하기 위한, 또는 그러한 방향으로 나아가기 위한 부류의 의문이 아니다. 답을 제시한다는 것은 그것이 답이라고 말할 수 있는 '주체'를 상정하는 것이기 때문이다. 즉 답과 답이 아닌 이분법적 구도에 다시 휘말리기 때문이다.

답 없음이다. 인간이 답지로 정의한 세계에 구멍을 낸다. 그리고 답이 빠져버린 구멍을, 빈 자리를 중심으로 삼는 것이다. 구멍 달리 말해 답 없음을 중심으로 삼아 사물들을 끌어 모으는 것이다. 그래서 타자화, 사물화(死物化)되었던 것들을 복원하는 것이다. 장자식으로 말하면 "〈없음〉을 통해 사물과 사물은 자아와 세계는 폐쇄된 경계선을 가로질러 감응, 의사소통"(이성희, 『장자의 실재적 심미관』)하게 만드는 것이다.

답을 빼 버린 구멍을 통해 사물들은 사물 그 자체로 환원된다. 인간의 사유방식이 시각을 통해 사물을 그렇게 보게 만드는 배후로 작동된다면, 인간의 사유를 제어함으로써 인간에 의해 개념화된 사물의 모습에 구멍을 낸다. 구멍을 통해 인간 중심주의적 시각으로 사물화(死物化)한 사물대신, 살아있는 사물의 모습을 생성한다. 이때 사물들의 광경은 인간의 목소리가 사라진 풍경이라는 점에서 고요한 풍경이다. 동시에 사물들이 제 스스로의 힘으로 기운생동한다는 점에서 떠들썩

한 풍경이다. 사물들 스스로의 소리로 사물의 의미가 무한히 변주되며 확대되는 풍경이다. 소요가 인간이 목적 의식에서 완전히 벗어나서야 비로소 맛볼 수 있는 자유의 경지라면, 사물들이 맨 얼굴을 드러내는 풍경을 즐긴다는 것은 소요의 경지에 오른 자만이 누릴 수 있는 미적 쾌감일 것이다.

오규원 시의 '날 이미지'의 풍경은 소요의 풍경이다. 사물들의 소리가 왁자지껄한 풍경이며, 답을 제시하는 인간의 소리가 사라진 풍경이다. 즉 답이 구멍 난 풍경이다. 그래서 오규원 시는 하나의 테두리로 가둘 수 없는 사물들의 이모저모 풍경을 구멍을 통해 즐기게 한다. 오규원 시는 인간이 명명한 세계, 정의한 세계로부터 지속적으로 이탈한다. 시인 스스로 말했던 것처럼 "명명하는 것이, 즉 정(定)하는 것이 세계를 끊임없이 개념화시키는 것이라면, 명명하는 사고의 근본인 은유의 축을 버리고 그리고 그 언어도 이차적으로 두고 세계를 '그 세계의 현상'으로 파악"(「구성과 해체」)하는 시이다. 그래서 오규원의 언어는 사물이 추상화되고 개념화되기 이전, 즉 화장 이전의 맨 얼굴로 향한다. 맨 얼굴로 드러나는 사물이 가지는 이미지를 오규원은 '날 이미지', 즉 관념화되기 이전의 살아 있는 이미지라고 말한다.

'날 이미지'가 가능한 것은 인간이 보고 정(定)한 사물의 풍경에 구멍을 내기 때문이다. 그래서 현실 또는 진짜라고 믿어진 사물의 풍경을 해체하고 재조립하기 때문이다. 물론 재조립의 주체는 사물들 그 자체이며, 이때 사물들을 관련시키는 연결고리가 바로 구멍 난 자리이다. 구멍이 중심이다. 그러므로 오규원의 언어는 원관념과 보조관념이 상응 관계를 이탈한다. 인간이 명명한 사물의 세계에 구멍을 내는 구체적인 방법은 언어를 해체하는 것이다. 기표에 호응하는 답으로서의 기의를 지우는 것이다. 기표의 물음에 응하는 답을 기의 없음으로 하는 것이다. 기표와 기의의 호응 관계를 부정하는 것은 곧 그것으로 개념화되던 인간 중심적 사고를 깨뜨리는 것이다. 확정된 언어 체계에 의해 전달되던 계몽적 욕망을 지우는 것이다. 언어의 주인을 사물에게로 되돌리는 것이다.

사물이 주인인 언어로 형상화되는 세계는 인간의 눈을 중심으로 개념화된 현실이 아니라는 점에서 비현실적이다. 무엇인가를 전달하려는 인간의 의도에서 자유로운 언어로 형상화된 세계는 경이하다. 새롭게 태어나는 사물들의 풍경이다.

> 구멍이 하나 있다 바닥이 보이지 않는
>
> 지나가는 새의 그림자가 들어왔다가
> 급히 나와 새와 함께 사라지는 구멍이 하나 있다
>
> 때로 바람이 와서 이상한 소리를 내다가
>
> 둘이 모두 자취를 감추는 구멍이 하나 있다
> ─「구멍 하나」 전문

유고 시집 『두두』에 실린 「구멍 하나」는 오규원 시의 사물들이 왜 경이한가를 말해주는 하나의 단초가 되는 작품이다. 오규원 시는 인간을 기준으로 인과적으로 배열된 현실에 '구멍'을 낸다. '구멍'은 '새'와 '바람 소리'에 답하는 인간의 사고, 인간의 정서를 비운 자리이다. 이를 통해 새와 바람 소리는 현실로부터 자취를 감춘다. 그리고 '구멍'을 통해 재생성된다. '새'와 '바람소리'가 '지나가는, 들어왔다가, 자취를 감추는'이란 언어의 주인으로 살아난다. 그래서 오규원 시의 사물들은 경이한 세계를 이룬다. 그런데 그것은 두서없이, 중심없이 나열되는 것이 아니다. 중심을 인간의 목소리가 빈 자리인 '구멍'으로 한다. '구멍'을 중심으로 오규원 시의 사물들은 배열된다.

답 없음을 중심으로 삼기 때문에 오규원 시의 사물들은 각각 제 목소리를 낼 수 있다. 그래서 오규원 시는 난무하는 사물들의 소리로 왁자지껄하다. 그러면서 동시에 그것은 '구멍'을 기준으로 대등하게 관련된다는 점에서 유기적이다. 유기적으로 연결되나 연결 체계에 사물들이 억압되지 않는다는 점에 오규원 시의 특징이 있다.

오규원 시를 읽는다는 것은 "바닥이 보이지 않는 구멍"을 통해 펼쳐지는 경이로운 사물들의 세계를 소요하는 즐거움에 빠져든다는 것을 의미한다. 인간의 목적 의식으로부터 자유로운 상태에서 비로소 맛볼 수 있는 '날 이미지'의 세계를 즐기는 것이다. 이러한 경이한 사물의 세계란 시 이외에는 감히 구현할 수 없는 시 고유의 미적 세계이다. 한국 현대시사에서 오규원 시가 차지하는 자리는 시에서만이 보여줄 수 있는 사물들의 진경이 그의 시에 펼쳐지고 있다는 지점에 있다.

참고문헌

1. 기본 자료

김광균, 김학동·이민호 편,『김광균 전집』, 국학자료원, 2002.

김종삼, 권명옥 편,『김종삼 전집』, 나남출판, 2005.

_____ , 장석주 편,『김종삼 전집』, 청하, 1988.

박용래,『박용래 전집』, 창작과비평사, 1984.

_____ ,『우리 물빛 사랑이 풀꽃으로 피어나면』, 문학세계사, 1985.

백 석, 고형진 편,『정본 백석 시집』, 문학동네, 2007.

_____ , 김재용 편,『백석 시집』, 실천문학사, 2003.

_____ , 이숭원·이지나 편,『원본 백석 시집』, 깊은샘, 2006.

정지용,『정지용 전집1-시』, 민음사, 2003.

_____ ,『정지용 전집2-산문』, 민음사, 2003.

2. 국내 논저

(1) 단행본

강영조,『풍경에 다가서기』, 효형출판사, 2003.

고형진 편,『백석』, 새미, 1996.

김기림,『김기림전집·2』, 심설당, 1988.

김문환,『미학의 이해』, 문예출판사, 1989.

김민나,『문심조룡』, 살림출판사, 2005.

김상환·홍준기 편,『라깡의 재탄생』, 창작과비평사, 2002.

김수경 외,『동서양 문학에 나타난 자연관』, 보고사, 2005.

김신정 외,『정지용의 문학세계연구』, 깊은 샘, 2001.

김영철, 『21세기 한국시의 지평』, 신구문화사, 2008.

김우창, 『궁핍한 시대의 시인』, 민음사, 1977.

_____ , 『풍경과 마음』, 생각의 나무, 2006.

김윤식, 『한국현대시론비판』, 일지사, 1975.

김은자 편, 『정지용』, 새미, 1996.

김재근, 『이미지즘 연구』, 정음사, 1973.

김종태, 『한국 현대시와 전통성』, 하늘연못, 2001.

김종태 편, 『정지용의 이해』, 태학사, 2002.

김준오, 『시론』, 삼지원, 1991.

김진균·정근식 편저, 『근대주체와 식민지 규율권력』, 문화과학사,
　　　　1997.

김학동 외, 『김광균 연구』, 국학자료원, 2002.

남진우, 『미적 근대성과 순간의 시학』, 소명출판사, 2001.

문덕수, 『한국모더니즘시연구』, 시문학사, 1981.

문덕수 편, 『세계문예대사전』, 교육출판공사, 1994.

민정기 외, 『중국 근대인의 풍경』, 그린비, 2008.

민주식·조인성 편, 『동서의 예술과 미학』, 솔출판사, 2007.

박찬부, 『라캉:재현과 그 불만』, 문학과지성사, 2006.

박철희, 『한국시사연구』, 일조각, 1980.

박태일, 『한국 근대시의 공간과 장소』, 소명출판사, 1999.

변광배, 『장 폴 사르트르-시선과 타자』, 살림, 2004.

사회과학원주체문학연구소, 『문학예술사전(상)』, 과학백과사전종합
　　　　출판사, 1988.

성기옥 외, 『한국시의 미학적 패러다임과 시학적 전통』, 소명출판사,
　　　　2004.

윤효녕 외, 『주체개념의 비판』, 서울대출판부, 1999.

이　상, 김주현 주해, 『이상문학전집3』, 소명출판사, 2005.

이숭원, 『백석 시의 심층적 탐구』, 태학사, 2006.

이진경, 『근대적 시 · 공간의 탄생』, 푸른숲, 1997.

──── , 『노마디즘1』, 휴머니스트, 2002.

임 화, 임화문학예술전집 편찬위원회 편, 『문학의 논리』, 소명출판사, 2009.

장문정, 『메를로 뽕티의 살의 기호학』, 한국학술정보, 2005.

전동열, 『기호학』, 연세대출판부, 2005.

정 민, 『한시 미학 산책』, 솔출판사, 1996.

정효구, 『백석』, 문학세계사, 1996.

──── , 『한국 현대시와 平人의 사상』, 푸른사상사, 2007.

조동일, 『한국시가의 역사의식』, 문예출판사, 1993.

조민화, 『중국철학과 예술정신』, 예문서원, 1997.

주은우, 『시각과 현대성』, 한나래, 2003.

차승기, 『반근대적 상상력의 임계들』, 푸른역사, 2009.

최승호 편, 『21세기 문학의 동양시학적 모색』, 새미, 2001.

최재철, 『한시문학의 이론과 비평의 실제』, 단국대출판부, 2005.

한국기호학회 편, 『은유와 환유』, 문학과지성사, 1999.

한국사상연구회 편, 『조선 유학의 자연 철학』, 예문서원, 1998.

(2) 논문 및 평론

강영안, 「주체의 자리」, 길희성 편, 『전통 · 근대 · 탈근대의 철학적 조명』, 철학과현실사, 1999.

권명옥, 「은폐성의 정서와 시학-김종삼론」, 『한국시학연구』, 한국시학회, 2004.

권혁웅, 「박용래 시 연구-비유적 특성을 중심으로」, 『작가연구』 13, 깊은샘, 2002.6.

김광명, 「칸트 미학에서의 무관심성과 한국미의 특성」, 『칸트연구』 13, 한국칸트학회, 2004.6.

김광조, 「금강산 기행시가의 산수형상화 양상」, 『어문연구』 35권4호,

한국어문연구교육학회, 2007.12.

김기택, 「김종삼 시의 현실 인식 방법의 특성 연구」, 『한국시학연구』 12, 한국시학회, 2005.4.

금동철, 「정지용 시 「백록담」에 나타난 자연의 의미」, 『우리말 글』 45, 우리말글학회, 2009.4.

김만석, 「철도와 근대시의 상상력」, 『동남어문논집』 22, 동남어문학회, 2006.11.

김문주, 「풍경에 반영된 동서의 관점－정지용과 조지훈 시의 형상을 중심으로」, 『우리어문연구』 25, 우리어문학회, 2005.

김석준, 「김광균의 시론과 지평 융합적 시의식」, 『한국시학연구』 21. 한국시학회, 2008.3.

김소연·이동언, 「"오리엔탈리즘"의 해석으로 본 일제강점기 한국 건축의 식민지 근대성」, 『대한건축학회논문집 계획계』21 권4호(통권198호), 2005.4.

김신정, 「정지용 시 연구 : '감각'의 의미를 중심으로」, 연세대 대학원 박사학위논문, 1999.

김준옥, 「詠物詩의 성격 고찰」, 『한국언어문학』 29, 한국언어문학회, 1991.

김영근, 「일제하 식민지적 근대성의 한 특징」, 『사회와역사』 57, 한국사회학회, 2002.

김영철, 「북한 현대시의 장르적 고찰」, 『국어국문학』 135, 국어국문학회, 2003.12.

김용희, 「정지용 시의 어법과 이미지의 구조 연구」, 이화여대 대학원 박사학위논문, 1994.

───, 「정지용 시에서 자연의 미적 전유」, 『현대문학의 연구』 21, 한국문학연구학회, 2004.

───, 「이중어 글쓰기 세대의 한국어 시쓰기 문제－1950,60년대 김종삼의 경우」, 『한국시학연구』 18, 한국시학회, 2007.

_____ , 「시와 영화의 문법성과 현대적 미학성」, 『대중서사연구』 15, 대중서사학회, 2006.6.

김정수, 「백석 시의 아날로지적 상응 연구」, 『국어국문학』 144, 국어국문학회, 2006.12.

김종서, 「옥봉 백광훈 시의 함축적 성격」, 『한국한문학연구』 35, 한국한문학회, 2005.6.

김종태, 「정지용 시 연구-공간의식을 중심으로」, 고려대 대학원 박사학위논문, 2002.

김진희, 「정지용의 후기시와 『문장』-화단과 문단의 교류를 중심으로」, 『비평문학』 33, 한국비평문학회, 2009.9.

김홍중, 「근대적 성찰성의 풍경과 성찰적 주체의 알레고리」, 『한국사회학』 41집3호, 한국사회학회, 2007.6.

김흥식, 「박태원 소설과 고현학」, 『한국현대문학연구』 18, 한국현대문학회, 2005.12.

나희덕, 「1930년대 시의 '자연'과 '감각'-김영랑과 정지용을 중심으로」, 『현대문학의 연구』 25, 한국문학연구학회, 2005.

남기혁, 「정지용 중 후기시에 나타난 풍경과 시선, 재현의 문제-식민지적 근대와 시선의 계보학(4)」, 『국어국문학』 47, 국어국문학회, 2009.

남진우, 「한국현대시에 나타난 '시간성의 수사학' 연구-김수영·김종삼을 중심으로」, 『상허학보』 20, 상허학회, 2007.6.

남현정, 「기타하라 하쿠슈의 도시 계절 감각 고찰」, 『일본어문학』 38, 일본어문학회, 2008.9.

라기주, 「김종삼 시에 나타난 환상성 연구」, 『한국문예비평연구』 26, 한국현대문예비평학회, 2008.8.

류순태, 「1950-60년대 김종삼 시의 미의식 연구」, 『한국현대문학연구』 10, 한국현대문학회, 2001.12.

_____ , 「모더니즘 시에서의 이미지와 서정의 상관성 연구-김광균

시를 중심으로」, 『한중인문학연구』 11, 한중인문학회, 2003.12.

마광수, 「정지용의 모더니즘 시」, 『홍대논총』 11, 홍익대, 1979.

문덕수, 「사물과 관념」, 『시문학』, 2009.4.

문현주, 「박용래 시 연구」, 이화여대 대학원 석사학위논문, 1994.

문혜원, 「정지용 시에 나타난 모더니즘 특질에 관한 연구」, 『관악 어문여구』 18, 서울대국어국문학과, 1993.12.

민주식, 「한국 전통 미학 사상의 구조」, 『미학예술연구』 17, 한국 미학예술학회, 2003.

박몽구, 「고향상실과 회복에의 욕망-박용래 시와 욕망의 구조」, 『현대문학이론연구』 30, 현대문학이론학회, 2007.4.

박병익, 「俛仰亭三十詠」과 「自然景物」에 대한 美感-金麟厚, 高敬命, 朴億齡, 朴淳을 중심으로」, 『고시가연구』 21, 한국고시가문학회, 2008.

박승희, 「백석 시에 나타난 축제의 재현과 그 의미」, 『한국 사상과 문화』 36, 한국사상문화학회, 2007.

박태일, 「김광균 시의 회화적 공간과 그 조형성」, 『국어국문학지』 2, 문창어문학회, 1986.

박현수, 「김광균의 '형태의 사상성'과 이미지즘의 수사학」, 『어문학』 79, 한국어문학회, 2003.

──── , 「김종삼 시와 포스트 모더니즘 수사학」, 『우리말글』 31, 우리말글학회, 2004.8.

손민달, 「여백의 시학을 위하여」, 『한민족어문학』, 한민족어문학회, 2006.6.

손병희, 「정지용 시와 타자의 문제」, 『어문학』 78, 한국어문학회, 2002.12.

사나다 히로코, 「모더니스트 정지용 연구」, 인하대 대학원 박사학위논문, 2001.

서동옥, 「공명효과-들뢰즈의 문학론」, 『철학사상』, 서울대학교철학

사상연구소, 2008.

서준섭, 「한국 근대 시인과 탈식민주의적 글쓰기:한용운, 임화, 김기림, 백석의 경우를 중심으로」, 『한국시학연구』 13, 한국시학회, 2005.8.

소래섭, 「백석 시와 음식의 아우라」, 『한국근대문학연구』 16, 한국근대문학회, 2007.10.

신주철, 「백석의 만주 체류기 작품에 드러난 가치 지향」, 『국제어문』 42집, 국제어문학회, 2009.4.

양인경, 「모더니즘 시의 시각화 연구-김기림 김수영을 중심으로」, 『한국언어문학』 54, 한국언어문학회, 2005.

여기현, 「瀟湘八景의 表象性 研究1」, 『반교어문연구』 2, 반교어문연구회, 1990.

_____ , 「瀟湘八景의 시적 형상화 양상」, 『반교어문연구』 5, 반교어문학회, 2003.

오장환, 「백석론」, 『풍림』 5, 풍림사, 1937.4.

유종호, 「시원 회귀와 회상의 시학-백석의 시세계1」, 『다시 읽는 한국 시인』, 문학동네, 2002.

유평근, 「옥시모론 연구-「악의 꽃」과 「육조 단경」의 경우」, 『외국문학』, 1986 봄호.

윤호병, 「박용래 시의 구조와 분석」, 『시와 시학』, 1991 봄호.

이광호, 「풍경과 반풍경」, 『시안』, 2001 가을호.

이민호, 「현대시의 담화론적 연구-김수영·김춘수·김종삼의 시를 중심으로」, 서강대 대학원 박사학위 논문, 2001.

이병천, 「세계사적 근대와 한국의 근대」, 『세계의 문학』, 1993 가을호.

이상오, 「정지용 시의 자연 은유 고찰」, 『한국현대문학연구』 16, 한국현대문학회, 2004.12.

이선이, 「정지용 후기시에 있어서 傳統과 近代」, 『우리문학연구』 21,

우리문학회, 2007.2.

이숙례, 「고시조와 현대시조의 회화성 연구」, 『새얼어문논집』 17, 새얼어문학회, 2005.2.

이숭원, 「'백록담'에 담긴 지용의 미학」, 『어문연구』 12, 한국어문 교육연구회, 1983.12.

──, 「김종삼 시의 시세계」, 『국어교육』 53, 한국어교육학회, 1985.

──, 「백석 시에 나타난 자아와 대상의 관계」, 『한국시학연구』 19, 한국시학회, 2007.8.

이승복, 「정지용 시의 운율체계 연구」, 홍익대 대학원 박사학위논 문, 1994.

──, 「전후 한국시의 화자 연구」, 『한국문예비평연구』 7, 한국 현대문예비평학회, 2000.

이은봉, 「박용래 시 연구−시적방법과 시 세계를 중심으로」, 『한남 어문』(7·8호 합병호), 한남대학교 국어국문학회, 1982.

이종묵, 「한시 분석의 틀로서 虛와 實의 문제−조선 전기 '樓亭詩'를 중심으로」, 『한국한시문학연구』 27, 한국한문학회, 2001.

이주향, 「주체의 관점에서 본 서구적 근대와 우리의 근대」, 철학연 구회 편, 『근대성과 한국문화의 총체성』, 철학과현실사, 1998.

이형대, 「17·8세기 기행가사와 풍경의 미학」, 『민족문화연구』 40, 고대민족문화연구원, 2002.

임우기, 「행간의 그늘 의미의 그늘」, 『그늘에 대하여』, 강, 1996.

장경렬, 「이미지즘의 원리와 〈詩畵一如〉의 시론〉」, 『작가세계』, 1999 가을호.

장도준, 「한국 현대시의 시적 주체 분열에 대한 연구−김기림, 이상, 백석의 시를 중심으로」, 『배달말』 31, 배달말학회, 2002.12.

장사선, 「고려인 시에 나타난 아우라」, 『한국현대문학연구』17, 한국현대문학회, 2005.6.

장윤익, 「한국적 이미지즘의 특성-1930년대 시를 중심으로」, 『문학
　　　　이론의현장』, 문학예술사, 1980.

전미정, 「이미지즘의 동양 시학적 가능성 고찰- 언어관과 자연관을
　　　　중심으로」, 『우리말글』 28, 우리말글학회, 2003.8.

정문선, 「한국 모더니즘 시 화자의 시각체재 연구:보는 주체로서의
　　　　화자와 보이는 대상으로서의 공간을 중심으로」, 서강대
　　　　대학원 박사학위논문, 2003.

정운채, 「瀟湘八景을 노래한 시조와 한시에서의 경의 성격」, 『국어
　　　　교육』 79, 한국어교육학회, 1992.

정유화, 「음식기호의 매개적 기능과 의미 작용: 백석론」, 『어문연구』
　　　　134, 한국어문교육연구회, 2007.

정효구, 「백석 시의 정신과 방법」, 『한국학보』 57, 일지사, 1989.

──── , 「박용래 시의 기호론적 분석」, 『시와 시학』, 1991 봄호.

──── , 「정지용 시의 이미지즘과 그 한계」, 『모더니즘 연구』, 자유
　　　　세계, 1993.

진순애, 「한국 현대시의 모더니티 연구」, 성균관대 대학원 박사학
　　　　위논문, 1997.

조창환, 「박용래 시의 운율론적 접근」, 『시와 시학』, 1991 봄호.

채호석, 「탈-식민의 거울, 임화」, 『한국학연구』 17, 고대한국학연구
　　　　소, 2002 하반기.

최경숙, 「정지용시의 전통지향성 연구」, 건국대 대학원 박사학위논
　　　　문, 2009.

최경환, 「題物詩의 景物 提示方法과 畵面上의 形象(1)」, 『서강어문』
　　　　11, 서강어문학회, 1995.11.

최동호, 「정지용의 산수시와 은일의 정신」, 『민족문화연구』 19, 고
　　　　려대학교민족문화연구원, 1986.1.

──── , 「한국적 서정의 좁힘과 비움」, 『시와 시학』, 1991 봄호.

_____ , 「정지용 산수시와 성정의 시학」, 『시와 시학』, 2002 여름호.

최승호, 「1930년대 후반기 전통지향적 미의식 연구-문장파 자연
　　　시를 중심으로」, 서울대 대학원 박사학위논문, 1993.

_____ , 「박용래론 : 근원의식과 제유의 수사학」, 『우리말 글』 20,
　　　2000.12.

_____ , 「백석 시의 나그네 의식」, 『한국언어문학』 62, 한국언어문
　　　학회, 2007.9.

_____ , 「백석 시의 풍경 연구」, 『우리말글』 46, 우리말글학회,
　　　2009.8.

최재혁, 「소식 문예 감상의 세가지 척도」, 『중국어문논집』 40, 중국
　　　어문연구회, 2006.

최학출, 「1930년대 한국 모더니즘 시의 근대성과 주체의 욕망체계
　　　에 대한 연구-김기림, 백석, 이상 시를 중심으로」, 서강대
　　　대학원 박사학위논문, 1994.

한명희, 「〈오이디푸스 콤플렉스〉를 통해 본 김수영, 박인환, 김종
　　　삼의 시세계」, 『어문학』 97, 한국어문학회, 2007.9.

홍희표, 「박용래의 〈저녁눈〉-생성과 소멸의 그 공간」, 『시와 시학』,
　　　1991 봄호.

3. 번역서 및 국외 논저

Adorno, Theodor Wisengrund, 홍승용 역, 『미학이론』, 문학과지성사,
　　　1984.

Bhabha, Homi K, 나병철 역, 『문화의 위치』, 소명출판사, 2002.

Berman, Marshall, 윤호병 · 이만식 역, 『현대성의 경험』, 현대미학사,
　　　1994.

Berque, Augustin, 김중권 역, 『외쿠메네:인간환경에 대한 연구서설』,
　　　동문선, 2007.

Benjamin, Walter, 반성완 역, 『발터 벤야민의 문예이론』, 민음사,

1983.

Deleuze, Gilles, 이정우 역, 『의미의 논리』, 한길, 1999.

───────── · Guattari, Felix, 김재인 역, 『천개의 고원』, 새물결, 2001.

───────── , 김상환 역, 『차이와 반복』, 민음사, 2004.

Derrida, Jacques, 김웅권 역, 『그라마톨로지에 대하여』, 동문선, 2004.

───────── , 김보현 편역, 『해체』, 문예출판사, 1996.

Eliade, Mircea, 이은봉 역, 『성(聖)과 속(俗)』, 한길사, 1998.

Freud, Sigmund, 윤희기 · 박찬부 역, 『정신분석학의 근본 개념』, 열린책들, 2004.

Heidegger, Martin, 오병남 · 민형원 역, 『예술작품의 근원』, 경문사, 1979.

Heinz Bohrer, Kar., 최문규 역, 『절대적 현존』, 문학동네, 1998.

Joly, Martine, 이선형 역, 『이미지와 기호-고정 이미지에 대한 기호학적 연구』, 동문선, 2004.

Lacan, Jacques, 맹정현 · 이수련 역, 『자크 라캉 세미나 11권 -정신분석의 네 가지 근본개념』, 새물결, 2008.

Levin, David Michael 외, 백문임 역, 『모더니티와 시각의 헤게모니』, 시각과 언어, 2004.

Merleau-Ponty, Maurice, 오병남 역, 『현상학과 예술』, 서광사, 1983.

───────── , 김화자 역, 『간접적인 언어와 침묵의 목소리』, 책세상, 2005.

───────── , 김정아 역, 『눈과 마음』, 마음산책, 2008.

Paz, Octavio, 김홍근 · 김은중 역, 『활과 리라』, 솔출판사, 1998.

Ricoeur, Paul, 양명수 역, 『해석학의 갈등』, 민음사, 2001.

───────── , 박병수 · 남기영 편역, 『텍스트에서 행동으로』, 아카넷, 2002.

Robinson, Douglas 정혜욱 역, 『번역과 제국』, 동문선, 2002.

가리타니 고진(柄谷行人), 박유하 역, 『일본 근대 문학의 기원』, 민음사, 1997.

고모리 요이치(小森陽一), 송태욱 역, 『포스트콜로니얼: 식민지적 무의식과 식민주의적 의식』, 삼인, 2002.

나카무라 유지로(中村雄二郎), 양일모·고동호 역, 『공통감각론』, 민음사, 2003.

다께우찌 도시오(竹內敏雄), 안영길 외 역, 『미학·예술학 사전』, 미진사, 1990.

서복관(徐復觀), 권덕주 역, 『중국예술정신』, 동문선, 1990.

우노 구니이치(宇野邦一), 이정우·김동선 역, 『들뢰즈, 유동의 철학』, 그린 비, 2008.

이토우 도시하루(伊藤俊治), 김경연 역, 『사진과 회화』, 시각과 언어. 2000.

이효덕(李孝德), 박성관 역, 『표상공간의 근대』, 소명출판사, 2002.

三谷 榮一 編, 『物語文學史』, 有精堂, 1994.

Korg, Jacob, "*Imagism*" in *Twentieth Century Poetry*. ed. Neil Roberts, Messachusset:Blackwell Publishers, 2001.

Levin, David, *The Opening of Vision,* New York and London: Routledge, 1988.

Preminger, Alex and Borgan, T.V.F co-editers, *The New Princeston En- cyclopedia of Poetry and Poetics,* Princeston;Newjersey, Princeston University Press, 1993.

Ransome, John Crowe, "Poetry;A Note On Ontology" in *Twentieth Century Criticism,* ed. Handy, William J. & Westbrook, Max., New Deihi:Light & Life Publishers, 1974.

Sontac, Susan, "*The Aesthetics of Silence*" in *Twentieth Century*

Criticism, ed. Handy, William J. & Westbrook, Max.. New Deihi:Light & Life Publishers, 1974.

찾 아 보 기

저자 약력

장 동 석

- 충남 홍성 출생
- 홍익대학교 국어국문학과, 동 대학원 국어국문학과 졸업
- 문학박사, 시인
- 1999년 『작가세계』로 등단(필명:장무령)
- 시집 『선사시대 앞에서 그녀를 기다리다』(세계사, 1999년)와 논문 「김종삼 시에 나타난 '결여'와 무의식적 욕망 연구」, 「오규원 시의 사물 제시 방법 연구」, 「박목월 시의 '자연' 제시 양상 연구」 등이 있음.

한국 현대시의 '경물'과
객관성의 미학

저 자 / 장동석

인 쇄 / 2013년 6월 27일
발 행 / 2013년 7월 3일

펴낸곳 / 도서출판 청운
등 록 / 제7-849호
편 집 / 최덕임
펴낸이 / 전병욱

주 소 / 서울시 동대문구 용두동 767-1
전 화 / 02)928-4482. 070-7531-4480
팩 스 / 02)928-4401
 E-mail / chung928@hanmail.net
        chung928@naver.com

값 / 15,000원
ISBN 978-89-92093-34-7